清华传奇

吴清军 ◎ 编著

新世界出版社
NEW WORLD PRESS

图书在版编目（CIP）数据

清华传奇／吴清军编著 . —北京：新世界出版社，2011.6

ISBN 978-7-5104-1827-3

Ⅰ. ①清… Ⅱ. ①吴… Ⅲ. ①成功心理-青年读物 Ⅳ. ①B848.4-49

中国版本图书馆 CIP 数据核字（2011）第 090523 号

清华传奇

作　　者：吴清军
责任编辑：闫　红　石金龙
责任印制：李一鸣　黄厚清
出版发行：新世界出版社
社　　址：北京西城区百万庄大街 24 号（100037）
发 行 部：(010) 6899 5968　　(010) 6899 8733（传真）
总编室：(010) 6899 5424　　(010) 6832 6679（传真）
网　　址：http://www.nwp.cn
　　　　　http://www.newworld-press.com
版权部：+8610 6899 6306
版权部电子信箱：frank@nwp.com.cn
印　　刷：三河市华晨印务有限公司
经　　销：新华书店
开　　本：710mm×1000mm　1/16
字　　数：280 千字　印张：19
版　　次：2011 年 7 月第 1 版　2011 年 7 月第 1 次印刷
书　　号：ISBN 978-7-5104-1827-3
定　　价：36.00 元

版权所有，侵权必究

凡购本社图书，如有缺页、倒页、脱页等印装错误，可随时退换。
客服电话：(010) 6899 8638

前 言

1911～2011，清华大学走过了一个世纪的风风雨雨，迎来百年华诞。在这一百年中，有多少传奇的故事在这里上演，有多少传奇的人物在这里登场。曾几何时，在那个国家积弱、民族多难的时代，"清华学堂"蒙着"国耻"的面纱呈现于世人面前。直到上世纪二三十年代，清华大学摇身一变，成为了在世界上享有盛誉的知名学府。抗日战争时期，清华与北大、南开合为"西南联大"，在艰苦卓绝的环境中坚守自我，弘扬学术，培育了众多才学卓异、爱民忧国的俊才。上世纪50年代初，清华大学进行了院校调整，从一个多学科的研究型大学转变为工学院。上世纪90年代，清华在学科设置上恢复了综合性大学的模式，一时间，举国兴教，清华以其独特的办学特色引得学者聚集其下。

原清华大学校长梅贻琦先生曾经说过这样一句话："大学者，非大楼之谓也，乃大师之谓也。"一所百年老校的荣辱沉浮、风云传奇，离不开那些曾经在这里谈经论道、羽扇纶巾的先贤大师。他们或寒窗数载，学成于清华；或耕耘杏坛，授业于清华。他们中有人献身科技，毕生探求救国之路；有人纵横文史，为后人留下一段绚烂的文化记忆……无论如何，他们的学术，高山仰止，前无古人；他们的生命，璀璨夺目，熠熠生辉；他们的名字，将被永远镌刻在百年清华的历史丰碑上。在清华大学即将迎来百年校庆之际，我们有责任将那些尘封在记忆深处的往事一一悉数，追寻着大师们走过的足迹，续写百年风尚，再创名校辉煌。

本书横跨晚清、民国、现代三个历史时期，汇集了清华知名学子、教授、校友，从国学宗师、文坛翘楚、史哲泰斗到军政名流、科学巨匠、杏林大师……术业分门别类，名目林林总总，从历史的某一个侧面入手，避开严肃、刻板的理论说教，以鲜为人知的逸闻趣事、奇谈掌故，再现了清华大师学术生涯之外真实、鲜活的人生。亦庄亦谐，妙趣横生；一事一例，引人捧腹。相信本书的出版定会为百年清华平添一道独特的人文风景。

目 录

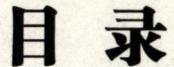

第一章　百年老校前世今生\001

"庚子赔款"与"清华学堂"创办\003
从"清华学校"到"国立清华大学"\005
抗战时期的"西南联大"\011
解放前后的"清华大学"\014

第二章　国学宗师趣谈掌故\017

王国维：拖着"小辫子"的清华国导\019
梁启超："只有打牌可以忘记读书"\026
赵元任：研究语言是为了"好玩"\031
陈寅恪：博学风趣的"活字典"\036
王　力：十四箱藏书结缘清华\043
姜亮夫："一生结了两个大瓜"\049
蒋天枢："程门立雪"的师道精神\055

第三章　文坛翘楚逸闻杂记\059

吴　宓：浪漫多情的"孔夫子"\061
朱自清：七次跳槽的"清华园住客"\068
闻一多：清华是起点也是终点\075
梁实秋：甘当"捧哏"的爱国文人\081
陆侃如：从清华园走出的半世伉俪\086
李健吾：清华园里的"戏剧社社长"\090
钱钟书："钟情于书"的清华才子\095
曹　禺：誉满清华的"小宝贝儿"\101

I

第四章　史哲泰斗绝世风骨\105

冯友兰：不是"照着讲"，而是"接着讲"\107
金岳霖：不问政治的"哲学动物"\112
李　济："考古先要有人品"\119
谢国桢：清华学子自述"痴人"\125
吴　晗："深藏图书馆"的清华高才生\130
张岱年："养生之道并非高深莫测"\136
夏　鼐：误入"歧途"的清华才子\142
殷海光："死不甘心"的自由斗士\148

第五章　军政达人风云传奇\153

张奚若：从"倔脾气教授"到"率直部长"\155
罗隆基："一片青山了此身"\159
钱端升：代表一个时代的法学教授\162
孙立人："东方隆美尔"的悲喜人生\167
吴国桢：从清华才子到台湾主席\172
叶公超：弃文从政的"外交部长"\176
胡乔木：清华"肄业生"不做"应声虫"\181
乔冠华：外交部长的才情人生\186

第六章　科学巨匠爱国情怀\191

竺可桢：不畏艰难以求真知\193
茅以升：造桥炸桥皆因爱国\198
邓稼先：许身报国壮山河\204
吴有训：中国现代物理学"开山祖师"\209
梁思成：向自己的学术宣战\214
华罗庚："活着不是为了个人，而是为了祖国"\219
钱学森："外国人能干的，中国人为什么不能干？"\225

周光召："两弹元勋"的爱国情\231

第七章　杏坛大师学林漫谈\237

马约翰：清华大学的"体育帮教"\239
梅贻琦：开创黄金时代的"清华名片"\248
陈鹤琴：一生为童稚的幼教大师\253
叶企孙：中国教育史上不朽的传说\258
顾毓琇：文理融通的奇才教育家\265
周培源："这辈子不是我追求的"\269
蒋南翔：留给清华的最大财富\275

第八章　水木清华流光碎影\279

"自强不息、厚德载物"的校训\281
"爱国、奉献"的清华传统\284
"又红又专"的清华大学\287

第一章

百年老校前世今生

清华传奇

"庚子赔款"与"清华学堂"创办

　　清华大学创建于1911年，其前身清华学堂，是清政府用美国"退还"的一部分"庚子赔款"建立起来的留美预备学校。1912年更名为清华学校。1925年设立大学部，开始招收四年制大学生，并开设国学研究院（国学门）。1928年更名为国立清华大学，拥有文、法、理、工等院系，发展成为民国时期中国最好的大学。抗战时期迁移到昆明，与北大、南开合成"西南联合大学"。解放后定名"清华大学"。

　　清华大学地处北京西北郊，其主体校区清华园原称"熙春园"，属于圆明园的附属园林，始建于清康熙四十六年（1707年），为康熙三子诚亲王胤祉（后改名允祉）之私园。康熙曾先后10次莅临熙春园，多次在这里接受皇子们的祝寿。雍正八年（1730年）允祉获罪被囚于景山，熙春园收归内务府，之后转赐给康熙十六子庄亲王允禄，为其别墅。乾隆三十二年（1767年）允禄死后，熙春园被收回改建为御园。此后26年间，乾隆时常来此憩息、观麦、赏景、题诗。嘉庆即位后亦为御园，也年年临幸于此。

　　道光二年（1822年），熙春园划分为东、西两园，被道光分赐三弟惇亲王绵恺和四弟瑞亲王绵忻，东部叫"涵德园"，西部叫"春泽园"。及至咸丰二年（1852年），东部改称"近春园"，西部则被咸丰赐名"清华园"。咸丰十年（1860年），英法联军侵华，入北京火烧圆明园，仅一墙之隔的近春园、清华园却幸免于难。1874年，同治为了其母慈禧40岁寿庆,下令拆除近春园,取其砖木重修圆明园。近春园从此沦为废园。清华园则因其主人参与义和团运动而被剥夺爵位,遭内务府查封并收归皇室,致使长期荒芜。

1900年,义和团运动爆发,随即,英、德、法、俄、美、日、意、奥组成"八国联军",借机入侵北京。第二年,清政府被迫与帝国主义列强签订丧权辱国的《辛丑条约》。条约议定,中国赔偿八国及比、荷、西、葡、瑞、挪等六个"受害国"损失共计白银4.5亿两;由1902年起至1940年止,分39年还清,本息合计白银9.8亿两,史称"庚子赔款"。根据条约,美国按年息4厘,分得本息共计白银7190多万两。

1904年,美国国务卿海约翰与清政府驻美公使梁诚就赔款问题进行了一次谈话,承认向中国索取的赔款"原属过多"。之后,通过梁诚与美方多次艰难的交涉,美国最终同意"退还"部分"额外"赔款,从1909年1月1日开始,用于帮助中国发展教育事业,培养赴美的中国留学生。1909年6月,清政府在北京设立游美学务处,由外务部和学部共同管辖,筹建游美肄业馆,负责选派留美学生。同年8月,清内务部将荒废已久的皇家赐园清华园拨作游美肄业馆,开始兴建校舍,至1911年一院(学堂大楼)、二院、三院、同方部等陆续落成,其中清华学堂大楼成为早期清华的象征。从1909年到1911年,游美学务处先后选派了3批直接留美生共180人,其中有梅贻琦、赵元任、胡适、张彭春、竺可桢、张子高等。这一时期是清华的雏形期,校友们称之为"清华的史前史时期"。

1911年2月,游美学务处和游美肄业馆迁入清华园,之后正式改名为"清华学堂"。同年3月30日,清华学堂在清华园暂行开学,有学生460余名,教师30多人。**创建于国难之中的清华学堂曾被称作"国耻学校",一代代清华学子感同身受,牢记国耻,并以"救国兴邦"为己任,将个人的追求融入民族振兴的大业之中,形成了清华光荣的爱国传统。**

从"清华学校"到"国立清华大学"

1911年10月辛亥革命后,清朝灭亡,中华民国成立,游美学务处被撤销。次年10月,清华学堂改名为"清华学校"。留美幼童出身的唐国安出任第一任校长,周诒春任副校长,张伯苓任教务长。改名之后,清华学校的办学模式效仿美国,学制分为中等、高等两科,各为4年。中等科为高等科之预备,高等科毕业生全部资送赴美留学,插入美国大学二、三年级学习。1913年,清华学校又选送侯德榜等16名高等科毕业生赴美留学。其后,派遣留美生的数量逐渐增加。

清华学校设西学部和国文部,其课程设置、教材、教学法乃至课外活动,深受英美式"自由教育"的影响。"自由教育"又称"通才教育",强调科学教育。清华学校在当时以"德、智、体三育并举"而闻名,以"要求严、外语好、体育好"而著称。严格的学习和生活管理,有声有色的课外活动,各种会社团体与出版物如雨后春笋,学生勤勉朴实已蔚然成风。1911~1921的10年间,清华共招收1500名学生,除在校学习的383人外,毕业的只有636人。而历年被开除的有301人,退学的135人,死亡45人,淘汰率高达32%。严谨的教学、频繁的考试、苛严的计分、很高的淘汰率,以及出洋的前途,促使学生们不得不用功读书。

1913年10月,周诒春接任校长。他着眼于民族教育事业的独立自主,提出了把清华改办成独立大学的构想。1916年7月,他呈文外交部,指出将清华逐渐扩充至完全大学程度是学校发展的当务之急。此为清华成为中国独立教育机构之开端。为了实现"改大"的宏愿，周诒春最早在清华倡导"人格教育"（或称"德育教育"）和德、智、体"三育并举"的教育方针，以培育清华学生完全之人格和勤奋实干之精神。在硬件设施方面，周诒春也进行了积极的筹备工作，如清华著名的四大建筑（大礼堂、科学馆、图书馆、体育馆），就是在他的主持筹划下兴建的。

1914年11月，梁启超在清华作演讲，题目为《君子》，他引用《周易》乾、坤二卦的象辞"天行健，君子以自强不息"和"地势坤，君子以厚德载物"两句，**以勉励清华学子"异日出膺大任，挽既倒之狂澜，做中流之砥柱"**。此后，清华遂以"自强不息、厚德载物"作为校训，制定校徽，1917年修建大礼堂即以巨徽嵌于正额，激励着一代又一代清华人为中华民族的伟大复兴而奋斗不止。

1918年，周诒春辞职。此后至1922年期间，先后有赵国材（代理）、张煜全、罗忠诒、严鹤龄（代理）、金邦正、王文显（代理）等6人任校长。之后曹云祥出任校长，积极筹划和实施"改大"方案，推动了清华加速改办大学的进程。

1919年5月4日，伟大的"五四"运动爆发。北京城内十几所学校3000余名学生游行示威，并火烧赵家楼，痛殴卖国贼章宗祥。当日下午，城内消息传到清华，虽然远离市区、偏僻闭塞，但清华园即刻沸腾起来。这天晚上，高等科二年级学生闻一多连夜赶写岳飞的《满江红》，并贴在饭厅的门口，以表收复失地的决心。

"五四"游行大示威后，城内各校很多学生领袖被反动当局逮捕。学生运动一直持续到6月8日。6月28日，中国代表团拒绝在对德和约上签字，"五四"爱国运动取得胜利。

伴随着"五四"运动，各种新思潮涌入清华园，引起广泛的评议和辩论，促进了清华学生的觉醒。他们中的先进分子开始积极探求救国救民之路。革命的火种也在清华园内悄悄点燃。经过"五卅"（1925

百年老校前世今生 第一章

年)、"三一八"(1936年)等一系列革命风暴的洗礼,在清华学生中锻炼出了第一批共产党员。1926年11月,清华学校第一个党支部正式成立。从此以后,清华党组织在艰苦的条件下坚持斗争,团结师生为争取民族解放和民主革命事业作出了重大贡献。

1925年,清华学校设置有三部分,分别是留美预备部、大学部和研究院。大学部开始招收大学一年级学生,称为新制生。留美预备部学生称为旧制生。到1926年,大学部四年一贯制,设立国文学系、西洋文学系、历史学系、政治学系、经济学系、教育心理学系、物理学系、化学系、生物学系、农业学系、工程学系、哲学系、社会学系、东方语言学系、数学系、体育学系、音乐系等17个学系,逐步向综合类大学过渡。

1925年9月1日,研究院与大学部同时开学。研究院只设国学一门,所以称为国学研究院,吴宓担任首任研究院主任。国学研究院的目标是"用现代的科学方法整理国故",培养"以著述为毕生事业"的国学研究人才和"各种学校之国学教师",注重培养学生以正确的科学方法研究中国学术文化,养成做学问的能力和良好习惯。国学研究院教学、研究并重,著述甚丰。**以王国维、梁启超、陈寅恪、赵元任4大导师及李济等为代表的清华学者,十分重视中华民族优秀文化传统的继承和发展,主张"中西兼容、古今贯通、文理渗透",形成了著名的"清华学派"和"清华学风"**。1928年国立清华大学时,成立了多学科的研究院所,1929年6月,清华国学研究院正式结束。

成立于1911年的留美预备部,1929年结束,先后培养毕业生973人,其中被派送留美的有967人,加上幼年生一班12人、考选直接留美女生7批共53人、专科生9批共67人,以及最初游美学务处选派3批直接留美生180人,留美生总计1279人。此外,还有以"庚款"津贴的留美自费生476人、特别官费生10人、各机关转入清华的官费生60人和"袁氏后裔生"3人。这些留美清华学子大都一腔爱国热忱,虽然身在美欧,但是心系祖国，因而勤奋攻研，学有专长，回国后受到各界的重视，许多人成为著名专家、学者，为我国科学、文化和教育事业做出了重大贡献。

1928年6月，国民革命军发动北伐，将奉系军阀赶出北京。原由北洋政府控制的清华学校，转归南京国民政府管辖。

同年8月，清华学校更名为"国立清华大学"。"以求中华民族在学术上之独立发展，而完成建设新中国之使命为宗旨"。清华大学进入一个飞速发展的阶段。因为治学严谨、师资雄厚和办学经费充裕，清华由大学"新军"迅速成为全国一流高等学府。1928年到1937年抗战前夕，可谓清华办学历史上最辉煌的一段时期。

如果说1917年是"北大年"，1928年则是"清华年"。1928年以后，清华、北大互相学习，所谓"北大清华化，清华北大化"。

1928年，北大毕业生、"五四闯将"罗家伦出任清华校长，他上任之初即进行了一系列革新，将清华由原先外交部和大学院（后称教育部）共管改为直辖于教育部；停办国学研究院，创设与大学各系相关联的研究院所（1930年设立中国第一个综合性研究生院）；废除董事会，清查清华基金；提高中国教师的地位；广揽人才、增聘名师；裁并学系，裁汰冗员；招收女生，"男女同校"；添造宿舍，兴建系馆；提出"廉洁化""学术化""平民化"和"纪律化"四化办学方向。

1929年，原清华学校旧制生全部毕业，留美预备部随即被撤销。罗家伦有能力、有气魄、为清华作出了不小贡献，但他年轻气盛，作风专断，不尊重师生意见，尤其是他强力推行军训、"党化"等做法，引起师生的反感和抵制。1930年，罗家伦辞职离校。在之后一年的时间内，清华校长几经更换，相继发生"拒乔"（拒绝乔万选出任校长）和"驱吴"（驱逐吴南轩校长）等风波。

罗家伦在1929年提出，一个国立大学的存在应尽两种义务：一是对于人类知识的总量有所贡献；二是能够适应民族的需要，求民族的生

存。罗家伦还说："要大学办好，首先要师资好，为青年择师……必须以至公至正之心，凭着学术的标准去执行。"他又说："研究是大学的灵魂，专教书而不研究，那所教的必定毫无进步。"此可视为其后继者梅贻琦办学的滥觞。

1931年12月，著名教育家梅贻琦出任校长，他对清华的建设有着重要的贡献。他是游美学务处第一批留美生，习电机工程，1915年到清华任教，后被聘为教授，1926年起先后担任清华教务长、留美学生监督。梅贻琦一生情系清华，任清华校长期间展现了其先进的办学理念、卓越的治校才能和民主清廉的作风，领导清华发展为一所在国内外颇有影响的学府。1949年，梅贻琦离校后到美国。1955年，他在台湾用清华基金筹建新竹清华大学。梅贻琦的教育思想对清华和我国高等教育至今仍有很大影响。

到1934年，清华大学已经成为一所综合性大学，设有文、法、理、工4个学院，共有16个学系，即文学院中国文学系、外国文学系、哲学系、历史学系、社会学系，理学院算学系、物理学系、化学系、生物学系、心理学系、地学系，法学院政治学系、经济学系（法律学系曾创办后停办），工学院土木工程学系、机械工程学系、电机工程学系。在这个时期内，学生人数有较大增加，由1928年度的400人增至1936年度的1223人。其中，女生由1928年招收第一批15人，至1935年度最多达110人。1936年度，各学院中学生最多的是工学院，达393人；各系中学生最多的是经济系，达148人。此外还有美、英、德、日等国留学生20余人。清华大学基本实行"民主治校""教授治校"的管理方法，成立"教授会""评议会"及"校务会议"等行政管理机构，提倡学术自由，重视教授在办学中的作用，对政治持中间立场。

清华大学以培养"为国家社会服务之健全品格"的人才作为教育目标，学制4年，采用学分制。教学方针实行"自由教育"（即"通才教育"），提出"通识为本""专识为末"，要求学生对自然、社会与人文方面都具有广泛的综合知识。潘光旦回忆说，**清华高等科的教育虽没有标榜什么，事实上已经走上英、美等国所谓"自由教育"或"通才（即德、智、体、美、群、富）教育"的道路，也就是培养"人"，而不是培养"机器"。**

在科学研究方面，1929年的国立清华大学研究院，下设文、理、法3个研究所，目标为"以备训练大学毕业生继续研究高深学术之能力，并协助国内研究事业之进展"。1934年奉教育部令，将各研究所改称研究部。到1935年，清华研究院共设10个研究部（当时全国大学共设27个研究部），研究生教育初具规模。此外还于1934年成立农业研究所，1936年成立航空研究所（在江西南昌）和无线电研究所（在湖南长沙）等，称为"清华特种研究所"，不招收研究生。由于有"庚款"办学基金，学校办学经费相对充裕。先进的实验仪器设备和丰富的图书馆藏书，为开展科学研究提供了良好的条件。

清华学子继承并发扬了清华学校时期认真读书的良好风气，形成了清华优良的传统。学生们牢记国耻，深知清华读书环境得来不易，故学习格外刻苦。除上课之外，他们多到图书馆看老师指定的参考书、课本，查询资料，很少有休闲，即使周末也在图书馆"开矿"。清华严谨的教学造就了一大批杰出人才。以物理系为例，其成才率之高实为罕见。在1929～1938年间共毕业本科生71人中，有中国科学院院士21人、美国院士2人，包括"两弹一星元勋"王淦昌、钱三强、彭桓武、王大珩、赵九章、陈芳允，以及核物理学家何泽慧、李正武，理论物理学家王竹溪、胡宁、张宗燧，力学家林家翘、钱伟长，光学家龚祖同，固体物理学家葛庭燧，地球物理学家傅承义、翁文波、秦馨菱，电子学家冯秉铨、戴振铎，波谱学家王天眷，冶金学家王遵明，物理海洋学家赫崇本等。此外还有政治理论家于光远，抗日英烈熊大缜等。

抗战时期的"西南联大"

"七七"事变以后，抗日战争全面爆发，战争的硝烟迫使清华大学南迁，在湖南长沙与北京大学、南开大学组成国立长沙临时大学，由三校校长组成常务委员会共持校务。临时大学设有文、理、工、法商等4个学院，计17个学系，于当年10月25日开学，11月1日上课。1937年年底，南京沦陷，武汉告急，战火威逼长沙，临时大学不得不奉命西迁云南昆明。由于战时交通困难，女同学和体弱的男同学由粤汉铁路到广州经水路从香港、越南入滇。其余一部分同学沿湘桂公路到桂林经南宁到越南入滇。200余名男同学组成湘黔滇旅行团，在闻一多、曾昭抡等老师的率领下，从长沙步行跋涉3000余里，历经两个多月到达昆明。在昆明，国立西南联合大学横空出世。

国立西南联合大学简称西南联大，1938年5月4日开学，入学有学生993人，其中清华学生481人，清华教职员共达200多人。此后至抗日战争胜利的8年间，在极其艰难的环境中，西南联大以"刚毅坚卓"为校训，心系国难，励精办学，培育出众多优秀人才，以卓著的业绩蜚声海内外。**西南联大创造了战时高等教育体制的杰作，实为中国乃至世界高等教育史上的伟大奇迹。**

西南联大是当时国内规模最大的高等学府。设有文学院，包括中国文学系、外国语文学系、历史学系、哲学心理学系；理学院，包括算学系、物理学系、化学系、生物学系、地质地理气象学系；法商学院，包括政治学系、法律学系、经济学系、商学系、社会学系；工学院，包括土木工程学系、机械工程学系、电机工程学系、航空工程学系、化学工程学系、电讯专修科；师范学院，包括国文学系、英语学系、史地学系、数学系、理化学系、教育学系、公民训育学系、师范专修科。共5个学院26个学系，2个专修科，1个先修班，共有学生约8000人。

西南联大没有设校长，它由清华、北大和南开三校合并而成，由各自的校长梅贻琦、蒋梦麟、张伯苓和联大秘书主任杨振声组成常务委员会，研究讨论学校各项重大工作。原定常务主席由三校校长轮流担任，实际上常委会工作一直由最年轻的梅贻琦主持，他是张伯苓的学生。西南联大设有校务会和教授会、评议会（原系清华办事处系统），常委会主席同时是校务会和教授会主席。清华、北大、南开三校在联大分别设立办事处，保留原有的行政和教学组织系统，负责处理各校自身事务。

清华大学单独设有清华昆明办事处、研究院和特种研究所。清华研究院曾因抗战爆发一度停办，于1939年陆续恢复招生。到1941年，清华研究院设有文科研究所，包括中国文学部、外国文学部、哲学学部、历史学部；理科研究所，包括物理学部、算学学部、生物学部、心理学部、地学学部；法科研究所，包括政治学部、经济学部、社会学部。3个研究所共12个学部，招收研究生。1940～1946年只有32名研究生毕业。此外，清华还在1934～1939年间先后成立5个特种研究所，包括农业研究所、航空研究所、无线电研究所、金属研究所和国情普查研究所，只进行学术研究，不招收研究生。清华昆明办事处主要办理有关清华研究院、特种研究所和招考留美公费生及"庚款"基金使用等，以及清华自身的教学科研与行政事宜。

西南联大分散在昆明各处，教学条件十分简陋，物质生活条件非常艰苦，且战火纷飞、时刻危险，但教师努力克服各种困难，仍坚持严格认真的教学传统；同学们的学习热情也没有丝毫减少，反而更加上进。

在困苦危难中，三校师生精诚合作，互敬互爱，休戚与共，更增加了特殊情谊。在战火纷飞、民族危亡的年代里，西南联大坚持继承并发扬三校的优良校风和学风，以通才教育为宗旨，人文、理科、工科并重；坚持学术自由、教学自由，倡导民主、科学的精神；实行学年制与学分制、选修课与必修课相结合的制度。

清华师生在战时极度艰难困苦的环境下，仍能以自强不息的精神，开展一系列学术研究。在学术研究方面，算学系华罗庚在解析数论方面、陈省身在现代微分几何方面的研究均有重要成果；物理学系周培源在湍流理论、王竹溪在热力学与统计物理研究方面，化学系黄子卿、生物系李继侗和陈桢等都取得了出色成果。特种研究所也取得了一定的科研成果，如航空研究所建立了当时国内唯一可供进行航空试验及研究的风洞，抗战时中国第一只电子管在无线电研究所研制成功等。在文科方面，闻一多完成《周易义证类纂》《楚辞校补》等，朱自清完成《诗言志辨》《新诗杂话》等，王力出版《中国现代语法》《中国语法理论》和《中国语法纲要》等，陈寅恪完成《唐代政治史述论稿》《隋唐制度渊源略论稿》，钱穆完成《国史大纲》，金岳霖出版《逻辑》与《论道》等并构成"新实在论"哲学体系，冯友兰出版《新理学》《新事论》等"贞元六书"并构成"新理学"哲学体系。

1941年，清华大学在昆明庆祝建校30周年时，**美国大学曾致函称誉清华"中邦三十载，西土一千年"，惊叹清华用30年的时间就走完了西方大学千年的路。**

1945年8月，抗日战争胜利结束，西南联大的战时使命完成，于1946年5月4日正式宣告结束，清华师生于同年夏秋分批回到北平（今北京）清华园。

解放前后的"清华大学"

北平（今北京）沦陷期间，清华园被日本侵略军占领，沦为日军兵营和伤兵医院，学校遭到空前洗劫而面目全非，仪器设备和家具损失达90%以上，图书馆、教学楼、实验室和教师住宅楼等建筑遭到严重破坏。1945年底，清华大学成立接收委员会，由陈岱孙主持，负责清华园的接收和复员工作。然而次年元月，清华园被国民党军队"劫收"，再次蒙受劫难，直到这年7月学校才收回。收回后，清华师生以高昂的热情投入到复校工作中去，克服重重困难，终于恢复学校原貌。

清华、北大和南开三校曾约定，复员后于同日开学。1946年10月10日10时，清华大学在清华园开学。清华院系设置和研究机构有所扩大，共有文、法、理、工、农5个学院26个学系，比抗战前增加了1个学院10个学系。人文学院增设人类学系；理学院增设气象学系；法学院增设法律学系；工学院除保留西南联大时增设的航空工程学系、化学工程学系外，又增设建筑工程学系；在农业研究所的基础上成立了农学院，设农艺、植物病理、昆虫学、农业化学等4个学系。

复员之后，清华大学承袭了原先的教育治学传统和校园文化特征，办学方针、教学制度、课程设置等与战前一脉相承。1946年，学生人数增至2300多人，全校师生员工总数达3000多人。这一时期，校园面积和建筑面积也有所扩大，到1948年，校园面积为1708亩，并在校园以南建设教授住宅区"胜因院"和教职员住宅区"普吉院"。

Chapter 1 百年老校前世今生 第一章

1947年，国民党统治区的经济濒于崩溃，上海、南京等地学生开始发动"抢救教育危机"的运动，喊出"向炮口要饭吃"的口号，"反饥饿、反内战"的浪潮由南而北。5月16日，清华学生决定自17日起罢课3天，并成立罢课委员会，发表罢课宣言。罢课期间，清华学生还进城示威游行，到各中学宣传。清华罢课的消息传到城内，带动其他学校开展运动，北大也于17日开会决定罢课3天。5月20日，在北平中共地下党组织的统一领导下，清华与兄弟院校学生共约7000人，举行"五二〇"反饥饿、反内战大游行。在此时期，重要的学生运动还有1947年暑期的"助学"运动、1947年11月的"于子三运动"、1948年4月的"保卫华北学联，反迫害"运动，1948年7月抗议当局镇压东北学生的"反剿民、要活命"运动等。

蒙受国耻的清华园，孕育了清华人的民族意识和爱国精神；高昂的爱国民主运动，激发了清华人极大的爱国热情。从"五四"运动的生力军到"一二九"运动的中坚，发展到联大时期抗日大后方的"民主堡垒"，再发展到解放战争时期国统区里的"小解放区"，清华大学光荣地成为白区中的革命堡垒、摇篮和熔炉，清华学子的爱国民主运动在中国革命历史上写下了浓墨重彩的一笔。

1948年12月15日，中国人民解放军进驻海淀，清华园解放。三天后的18日，解放军第十三兵团政治部在清华大学西门贴出布告："查清华大学为中国北方高级学府之一。凡我军政民机关一切人员，均应本我党我军既定爱护与重视文化教育之方针，严加保护，不准滋扰。尚望学校当局及全体同学，照常进行教育，安心求学，维持学校秩序。"1949年1月10日，解放军北平军事管制委员会文化接管委员会正式接管清华大学。

1952年，中国高等教育体系改革，仿照苏联社会主义模式进行大规模的院系调整，清华的文学院、理学院、法学院、农学院、航空等院系被分割出来，划归北京大学等校。改革后的清华大学成为一所多科性的工科大学，重点为国家培养工程技术人才。1952年年底，蒋南翔出任清华大学校长，积极探索符合中国国情的社会主义高等教育的办学道路，培养又红又专、全面发展的工程技术和尖端科技人才，并取得卓著成绩。

1978年以来，在深化改革、扩大开放的过程中，清华逐步复建了理科、经济、管理、人文、社会科学等各学科，恢复了综合性大学的布局，进入了一个蓬勃发展的新时期。

目前，清华大学设有建筑学院、土木水利学院、机械工程学院、航天航空学院、信息科学技术学院、理学院、生命科学学院、医学院、地球科学学院、人文社会科学学院、新闻与传播学院、法学院、马克思主义学院、经济管理学院、公共管理学院、美术学院、应用技术学院等，以及清华大学生物科学与技术、生物信息与系统生物学、医学系统生物学研究中心等院系。清华大学已成为一所具有理、工、文、法、医学、经济、管理、艺术等学科的综合性大学。

第二章

国学宗师趣谈掌故

清华传奇

王国维：拖着"小辫子"的清华国导

大师生平

王国维（1877～1927），字伯隅、静安，号观堂、永观，浙江海宁盐官镇人，清末秀才，近代国学大师。1901年赴日本留学，1902年因病归国，执教于南通、江苏师范学校，讲授哲学、心理学、伦理学等。1906年入京，任清政府学部总务司行走、图书馆编译、名词馆协韵等。1911年辛亥革命后，逃居日本京都，以前清遗民处世。1916年，应上海著名犹太富商哈同之聘，返沪任仓圣明智大学教授，并继续从事甲骨文、考古学研究。1922年受聘北京大学国学门通讯导师。翌年，由蒙古贵族、大学士升允举荐，与罗振玉、杨宗羲、袁励准等应召任清逊帝溥仪南书房行走，食五品禄。1925年，受聘任清华研究院导师，教授古史新证、尚书、说文等，与梁启超、陈寅恪、赵元任、李济并称为"五星聚奎"的清华五大导师。1927年6月，国民革命军北上时，投颐和园昆明湖自尽。

▶ 拖着"小辫子"进清华

作为中国近、现代之交的杰出学者，王国维学贯中西，博闻强识，不到四十岁，就已成为中国最顶级的学术大师。在短短二十余年间，他涉足哲学、文学、史学、美学、伦理学、文字学、考古学、心理学等众多领域，几乎在每一个领域都取得了第一流的成就，**被人誉为"中国近三百年来学术的结束人，最近八十年来学术的开创者"**。鲁迅先生曾这样称赞他："要谈国学，他才可以算一个研究国学的人物。"郭沫若也对他给予了极高的评价："留给我们的是他的知识产物，那好像一座崔嵬的楼阁，在几千年的旧学城垒上，灿然放出了一段异样的光辉。"

1925年，清华创办国学院，准备聘请胡适为导师，胡适谦逊地拒绝了，他说："非第一流学者不配做研究院的导师，我实不敢当！"后来，胡适转荐了几位真正的大师级人物，其中就有当时名震东洋的王国维。同年，王国维接受清华国学研究院导师一职，与梁启超、陈寅恪、赵元任并称清华"四大导师"。从此，清华园中就多了一位拖着辫子的传奇式人物。

提起王国维的辫子，清华园几乎无人不知。每当看到一个拖着小辫子、头戴一顶瓜皮帽的背影，大家便知道是谁了。清廷在的时候，王国维曾将辫子剪去；清廷亡后，他却把辫子永远地留上了。有一次，一位日本学者来到清华，门房的人问找谁，来者便说："我找那位拖着小辫子的先生。"门房的人听了竖起大拇指说："你真了不起！凡拜访那位留辫子的先生的人，都很了不起！"可见，王国维的辫子已经成了他在人们心目中的标志。这条辫子跟随他从东洋到清华，从未剪过。每天早晨漱洗完毕，王国维的妻子就替他梳头。有一次，妻子因为手头事情忙忘记梳头，之后便对他说："人家的辫子全都剪了，你留着做什么？"王国维的回答很值得玩味："既然留了，又何必剪呢？"

王国维一向不重视仪表，天冷时一袭长袍，灰色或深蓝色的外罩，常系一条深色汗巾式腰带，上穿黑色马褂；天热时穿熟罗（浙江特产的丝织品）或夏布长衫。王国维平时只穿布鞋，从来没有穿过皮鞋。无论

何时,头上总是戴一顶瓜皮小帽,即便是寒冬腊月,也不戴皮帽或绒线帽。当时,清华园中的新派人士不在少数,大多人都是西装革履,只有王国维依旧保持着前清遗老的风貌。尽管满校园的人对此议论纷纷,可他却满不在乎。

语言学家王力于1926年考入清华大学国学研究院。他上的第一堂课,就是王国维先生讲的《诗经》。在此之前,王力曾经读过王国维先生的不少著作,特别是《人间词话》,别开蹊径,创诗词意境之说,令王力深感钦佩,连书中的章节,王力都能随口背诵。因此,他刚到国学研究院,就迫切渴望见到这位仰慕已久、满腹经纶的老先生。可是当王国维踏进教室,为王力他们讲第一节课的时候,王力不禁大吃一惊。他没想到,大名鼎鼎的国学大师竟是个貌不惊人的小老头:头戴瓜皮帽,帽子下面拖着一条小辫子,身穿长棉袍,腰间还系着一条蓝带子。看他这身打扮,俨然一个"清朝遗老"。王力未曾料到,在推翻清王朝十多年之后,王国维竟然还保留着清朝的服饰,可见封建意识对王国维的影响之深。

尽管王力并不赞成王国维的政见,但这并不影响他对王国维的尊重。王力觉得,王国维学识渊博,气质纯真,比起一些表面趋时而思想保守的人来,王国维显得更加天真可爱。而且王国维治学严谨,讲课非常细致。在清华讲《说文》时,用的材料多是甲骨金文,并用三体石经和隶书作比较。王国维要解决一个问题时,先要把关于这个问题的所有材料找齐全,然后才下第一步结论。而后,再把结论和有关问题归纳一下,最后才对问题下终论。论讲课,论学识,论见解,王国维都是第一流的。**他讲课逻辑性很强,凡经他作过精深研究的课题,都有严谨的分析、肯定的结论。但是,当他碰到某些疑难的问题时,又常以一句"这个我不懂"一带而过。有时一节课下来,他竟说了几个"我不懂"的问题。**

"老实得像火腿一样"

王国维平时活动很少，一旦出现，每每都要引人注目。一年秋天，清华教职工在工字厅聚餐，到场的都是学界名流，个个衣冠楚楚。有一位作家正在吃饭，刚夹起一块海参要吃，就听邻座的人喊："看！王国维！"一时间，在座的人一片肃然，作家筷子中的海参滑落在地，他顺着众人的目光望去：一个清瘦的老者，红顶小帽，青马褂，尤其引人注目的是那条小辫子和玄色扎腰。老者谦恭而拘谨地呆坐着，不说一句话。满室的人都在喧闹笑谈，唯有他是安静的、沉默的，除了偶尔动一动筷子，几乎不和周围的人攀谈闲话。

王国维性格淡泊，不谙俗务，不喜欢与人交游，只一心做学问。平日除了三两个熟悉的同事，他一概不接触旁人。王国维的小楷写得很好，颇有朴素之美，求字的人频频登门造访。除了偶尔为朋友、学生在扇页上写几行之外，他是难得动笔的。有一次，有人请他替一位福寿双全的老太太题个像赞，他当面就回绝说："这是应酬，我没工夫。"说罢扭头便走。清华园的学生除了在课堂上见到王国维，一般很少有机会与他见面。鲁迅曾经半开玩笑地评价他："老实得像火腿一样。"只有斜阳夕照时分，他才从书堆里爬出来，走出西院十八号的深宅大院，在那宽宽的大路上悠游散步。他总是独来独往，表情沉静。遇见来人，他只是点点头，微微一笑，而后又缓缓而去。没有人知道他在想什么，人们看到的只是他的背影：瓜皮帽下的小辫子，垂到背心的中部。正是这种沉郁孤傲的性格，才使他的身体愈加羸弱多病。

外冷内热，恩泽弟子

在清华大学任教时，王国维每天除了讲书授课以外，一般不到学生住的地方去跟学生交流，从来都是上完课就走，回到自己的西院住所，钻进自己的书房研究学术。但是，如果有学生登门拜访或致函，不管是求教或辩论，他从来都是一律接待，不分老幼尊卑，而且是知无不言，言无不尽。

当时，有一些从东南大学特意赴京求教的学生，就住在王国维先生的家里。**在王国维看来，学术为天下之公器，不应该有门户之见。所以，不管是不是自己的门下弟子，即使自己治学很忙，他都是有问必答。**在执教清华的2年时间里，不知道有多少学子领受了王国维的恩泽。

国学大师姜亮夫于1925年考入清华大学国学研究院，师从王国维。有一天晚上七点多，姜亮夫来到王国维家，请导师帮他修改自己刚填的一首词。王国维看了之后说："你过去想做诗人，你这个人理性东西多，感情少，词是复杂情感的产物，这首词倒还可以。"说着就动手修改起来。诗词改好后，都九点多了。姜亮夫起身告辞，王国维忙让家人点着灯笼跟他一起送姜，一直送到清华大礼堂后的流水桥，举灯等姜过桥，他对姜说："你的眼睛太坏，等过了桥，路便好走了。"姜亮夫听到这话，几乎落泪，后来每次提起恩师王国维，都声音哽咽。

有一次，王国维把姜亮夫叫到自己的办公室，对他说："你的声韵、训诂都学得不错，但是文字方面还不够，今后怎么办？"姜亮夫请王国维指点。王国维说："课题要自己选定！"过了三天，姜亮夫把选定的题目送给王国维看。王国维问道："广韵如何研究？"姜亮夫的回答没有令王国维满意。沉默片刻，王国维说："我看你还是搞诗骚联绵字考吧！"接着，王国维把自己在这方面的研究资料拿给了姜亮夫。多

年之后，姜亮夫对王国维先生的谆谆教诲依然铭记在心。

1926年12月3日，正值王国维先生50岁生日。清华研究院国学门的研究生们，特地来到王先生家拜寿。7天后，王国维在工字厅设宴招待弟子们。席间，他还向学生们展示了他所收藏的历代石经拓本。弟子们竞相发问，他辩答如流，欣悦异常，充分展示了这位冷峻的国学大师热情似火的一面。

▶ 买旧书，吃零食，逛古玩店

王国维喜爱甜食，在他的卧室里，有一个朱红色的大柜子，上面两层专放零食。一开橱门，各种食物琳琅满目，俨然一个小型糖果店。王国维的妻子每个月都要进城去采购零食，连带办些日用品及南北什货。回到家来，大包小包的满满一洋车。每天午饭后，王国维总要抽支烟，喝杯茶，闲坐片刻。一点来钟，就到前院书房开始工作，到了三四点钟，才回到卧房，自行开柜，找些零食。据王国维的后人说，他们家的孩子大多承袭了父亲爱吃零食的习惯。王国维对菜肴是有些挑剔的，他最爱吃的菜是红烧肉，但必须是妻子亲手做的。除此之外，王国维还喜欢吃面食，比如饺子，吃剩下来，第二天早上用油煎了，就着稀饭吃。每天早上，除稀饭必备外，总有些固体的食物，如烧饼、包子等等。王国维爱吃的水果不多，夏天只吃西瓜，他认为香瓜等水果较难消化，他自己不吃，也不准家人吃。

在王国维的一生中，几乎没有"娱乐"这两个字的概念。王国维的唯一一次出游，是与清华同仁共游西山。那天，他是骑驴上山的，而且兴致很高。当时的北平，收音机还没有普及，虽然有广播，顶多是一个小盒子样的矿石收音机，戴耳机听听，就算不错了。尽管王国维对中国

戏曲有着深入的研究,可他却从来没有去看过戏。他最常去的地方是琉璃厂、古玩店及书店。书店的老板都认识他,在那里,他可以消磨大半天。如果在书店中遇到了想要的书,那就非买不可了。所以,王国维的妻子知道他要逛书店,就事先把钱准备好。有一次,他从城里回来,脸上洋溢着笑容,到了房内把包裹打开,原来是一本书,他告诉妻子说:"我要的不是这本书,而是夹在书页内的一页旧纸。"

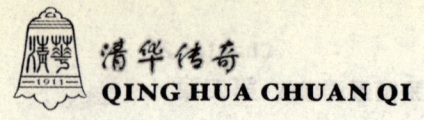

梁启超:"只有打牌可以忘记读书"

 大师生平

梁启超（1873~1929），字卓如，号任公，又号饮冰室主人。广东新会人，自幼接受传统教育，1889年中举，1890年赴京会试不中。同年结识康有为，投其门下。1891年就读于万木草堂，接受康有为的思想学说，并由此走上改良维新的道路。1895年春再次赴京会试，协助康有为，发动在京应试举人联名请愿的"公车上书"。1897年，任长沙时务学堂总教习，在湖南宣传变法思想。1898年，回京参加"戊戌变法"。1913年，进步党"人才内阁"成立，梁启超出任司法总长，反对袁氏称帝，与蔡锷策划武力反袁。1916年，梁启超赴两广地区参加反袁斗争。袁世凯死后，梁启超出任段祺瑞北洋政府财政总长兼盐务总署督办。同年11月，段内阁被迫下台，梁启超随之辞职，从此退出政坛。1918年底，梁启超赴欧，回国后即宣扬西方文明已经破产，主张光大传统文化，用东方的"固有文明"来"拯救世界"。1922年起在清华学校兼课。1925年应聘任清华国学研究院导师。1927年离开清华研究院。1929年病逝。

趣味主义者，为"四人功课"放弃演讲

国学大师梁启超是个典型的"趣味主义者"，他说的每一句话，几乎都是一针见血，耐人寻味。他曾经打过一个生动的比喻："我是个主张趣味主义的人，倘用化学化分'梁启超'这件东西，把里头所含一种元素叫'趣味'的抽出来，只怕所剩下仅有个0了。"更有趣的是他留给儿女们的自画像："我是学问趣味方面极多的人，我之所以不能专积有成者在此，然而我的生活内容，异常丰富，能够永久保持不厌不倦的精神，亦未始不在此。我每历若干时候，趣味转过新方面，便觉得像换个新生命，如朝旭升天，如初荷出水，我自觉这种生活是极可爱的，极有价值的。我虽不愿你们学我那泛滥无归的短处，但至少也想你们参采我那烂漫向荣的长处。"

梁启超认为，"凡属趣味，我一概都承认它是好的"，但趣味的标准不在道德观念，而必须是"以趣味始，以趣味终"，"劳作、游戏、艺术、学问"都符合趣味主义的条件，赌钱、吃酒、做官之类则非。就他的标准而言，麻将显然也是种"趣味"的游戏。因此可以说，梁启超提倡的是趣味主义的人生观。

梁启超在清华讲学时，曾经说过这样一句名言："只有读书可以忘记打牌，只有打牌可以忘记读书。"可见，打牌（即麻将）对梁启超的诱惑之大。据说，梁启超的很多社论文章都是在麻将桌上口授而成的。1919年，梁启超从欧洲回国，有一次，几个学术界的朋友约他去讲演，他却说："你们订的时间我恰好有四人功课。"原来，梁启超是约好了麻将局。

弄巧成拙,原配"泼醋"

像梁启超这样的国学大师,在学术上一言九鼎,语出惊人,可是在婚姻生活中也有弄巧成拙的时候。梁启超的原配夫人叫李蕙仙,是梁启超乡试主考官李端棻的堂妹。李蕙仙比梁启超大几岁,出身富贵人家,个性豪爽泼辣。婚后,梁启超处处容忍、谦让她,因此落得个"惧内"的名声。

戊戌变法失败后,梁启超只身逃亡东瀛。1900年5月,梁启超受邀前往檀香山访问演讲,期间与当地一位华侨的女儿何蕙珍产生了一段恋情,虽然梁启超最终发乎情而止于礼,没有做出出格的事情,但他却在给夫人李蕙仙的一封信中如实地汇报了这件事。

在给李蕙仙的信中,梁启超用极其细腻的文字描述了自己与何蕙珍相识的情景,并且把自己复杂的心情诉诸笔端。李蕙仙收到信后,即刻回了一封信,大意是:如果你喜欢何蕙珍,就娶她为妻,我会禀明父母大人为你做主;如果你能像自己所说的那样以大义为重,就不要再牵挂此事,保重身体要紧。

梁启超收到这封信后大惊失色,因为两位高堂绝对不会同意他私自恋爱娶亲,于是赶紧复信赔罪,表明态度:"蕙仙鉴:得六月十二日复书,为之大惊,此事安可以禀堂上?卿必累我挨骂矣;即不挨骂,亦累老人生气。若未寄禀,请以后再勿提及可也……任公血性男子,岂真太上忘情者哉?其于蕙珍,亦发乎情,止乎礼仪而已。"

清华校训,字字珠玑

梁启超晚年主要致力于讲学。**他曾说,儒家道术千言万语,各种法**

门,最后归结为"内圣外王","即专注重如何修养健全人格。人格锻炼到精纯,便是内圣。人格扩大到普遍,便是外王"。

1914年,梁启超因喜欢清华幽静的环境而住在工字厅西客厅,取名"还读轩",并在那里完成了《欧洲战役史论》一书的写作。

1914年11月5日,梁启超来到清华大学,在同方部以《君子》为题演讲。他勉励清华学子树立远大理想,培养健全人格,要做"真君子"。他说:"乾象曰:'天行健,君子以自强不息。'坤象曰:'地势坤,君子以厚德载物。'推本乎此,君子之条件庶几近之矣。"又说:"乾象言:'君子自励犹天之运行不息,不得有一暴十寒之弊。'坤象言:'君子接物,度量宽厚,犹大地之博,无所不载。'"他希望:"清华学子,荟中西之鸿儒,集四方之俊秀,为师为友,相蹉相磨,他年邀游海外,吸收新文明,改良我社会,促进我政治,所谓君子人者,非清华学子,行将焉属?"他还对清华学子寄予厚望:"崇德修学,勉为君子,异日出膺大任,足以挽既倒之狂澜,作中流之砥柱。"梁启超的字字箴言,后来便成了永远镌刻在清华人心中的信条,也就是今天我们所看到的清华校训——"自强不息,厚德载物"。

"天行健,君子以自强不息"一句中,"天行"指天的运行或天运行之规律,"健"即刚健不屈。意为:天的运行不受人世的兴衰治乱的影响,按自身的规律,永恒不止地前进。因此,将刚健视为天的高尚品格。《易传·乾文言》盛赞这种品格:"大哉乾乎,刚健中正。"天具有刚健的高尚品格,因此企盼人效法天,刚健不已,自强不息,胜而不骄,败而不馁,不因艰难而阻,不因险境所挡,一往无前,努力进取,永无止境。

在清华的日子里,梁启超与学生们朝夕相处,"感情既深且厚","觉无限愉快"。自1920年12月开始,梁开始在清华以《国学小史》为总题系统讲学,并于1922年2月正式受聘为清华学校的讲师。1925年任清华国学研究院导师。当时，著名作家梁实秋还在清华念书。他听过大师梁启超的一次演讲，印象十分深刻。梁实秋回忆说：**"他走上讲台，打开他的讲稿，眼光向下面一扫，然后是他的极短的开场白，一共只有两句话，头一句是：'启超没有什么学问。'眼睛向上一翻，轻轻点一下头，'可是也有一点喽。'"** 然后，开讲中国古代韵文的美学价值与艺术特色，说到兴奋处，不禁手舞足蹈。在场的听众，包括梁实秋在内，也都随之如痴如醉。

赵元任：研究语言是为了"好玩"

大师生平

赵元任（1892~1982），字宣仲，又字宜重，出身于书香世家。父亲赵衡年中过举人，善吹笛；母亲冯莱荪善诗词、昆曲。赵元任自幼便显露出卓尔不群的语言及音乐天分。1907年入南京江南高等学堂预科，1909年考取留学美国的官费生，在康乃尔大学主修数学，选修物理、音乐。1914年获数学学士学位。1915年入哈佛大学主修哲学并继续选修音乐，1918年获哈佛哲学博士学位，又在芝加哥和加州大学做过一年研究生。1919年，回康乃尔大学物理系任教。1920年回国，任教于清华大学，讲授语言学、逻辑学等课程，并在清华恋爱结婚。1921年赵元任夫妇到了美国，赵元任在哈佛大学任哲学和中文讲师并研究语言学。1925年，赵元任回清华大学教授数学、物理学、中国音韵学、普通语言学、中国现代方言、中国乐谱乐调和西洋音乐欣赏等课程。他与梁启超、王国维、陈寅恪一起被称为清华"四大导师"，是其中最年轻的一位，被誉为"中国语言学之父"。

表演口技全国"旅行"

美国语言学界曾经流传着这样一句话——"在语言上,赵元任没有错过。"赵元任有"录音机"一样的耳朵,他一生会讲33种汉语方言,会说英语、法语、德语、日语、西班牙等多种语言,是方言调查工作的开拓者和推动者,为汉语拉丁化字母的制定作了很大贡献。

由于受过万国音标(IPA)听音、记音、发音的训练,在清华任教期间,赵元任入选教育部国语统一筹备会,致力于研究国语罗马字注音。他与刘半农、黎锦熙、林语堂等人组成"数人会",提出"国语罗马字拼音法式"稿本,开展了3个月密集的吴语方言田野调查工作,深入实际,对汉语方言进行了分区研究,创制了调查表格。为方便记录生动的口语材料,赵元任养成了随身携带笔记本的习惯。在研究汉语语法的过程中,他一方面借鉴美国的结构主义语言学理论;另一方面,他善于结合语义进行分析,弥补了结构主义重形式、轻内容的缺陷。

赵元任讲课风趣幽默,深入浅出,他曾用"中华好大国,偷尝两块肉"这两句话,来向同学们讲授"阴阳上去入"五声,使同学们在寓教于乐的气氛中学习了语言知识。

赵元任一生中最大的快乐,是到了全国任何地方,当地人都认他做"老乡"。1920年,英国哲学家罗素来华巡回讲演,赵元任担任翻译。所到之处,他都用当地的方言来翻译。他在途中向湖南人学长沙话,等到长沙时,已经能用当地的方言翻译了。讲演结束后,竟有人跑来和他攀"老乡"。

赵元任曾表演口技——"全国旅行":从北京沿京汉路南下,经河北到山西、陕西,出潼关,由河南入两湖、四川、云贵,再从两广绕江西、福建到江苏、浙江、安徽,由山东过渤海湾入东三省,最后入山海关返京。这趟"旅行",他一口气说了近1个小时,"走"遍大半个中国,每"到"一地,便用当地方言土话,介绍名胜古迹和土货特产。这

一绝技给观众留下了极其深刻的印象。

最雷人的"单音节"故事

赵先生掌握语言的能力非常惊人,他能迅速地穿透一种语言的声韵调系统,总结出一种方言乃至一种外语的规律。赵元任曾编了一个极"好玩儿"的单音故事,以说明语音和文字的相对独立性。故事名为《施氏食狮史》,通篇只有"shi"一个音,写出来,人人可看懂。但如果只用口说,那就任何人也听不懂了。故事是这样的:

"石室诗士施氏,嗜狮,誓食十狮。氏时时适市视狮。十时,适十狮适市。是时,适施氏适市。氏视是十狮,恃矢势,使是十狮逝世。氏拾是十狮尸,适石室。石室湿,氏使侍拭石室。石室拭,氏始试食十狮尸。食时,始识十狮尸,实十石狮尸。试释是事。"

这篇文章的大体意思是:从前,有一个爱作诗的施姓文人,住在石头造的屋子里。他喜欢吃狮子肉,发誓要吃十头狮子,所以他经常到市场上去找狮子。那天早晨十点,恰好有十头狮子上市。这时,碰巧姓施的也来到了市场。他确实看到十头狮子,于是拉弓射箭,把这十头狮子杀死,然后拖着这十头狮子的尸体,回到了他的石屋。但石屋很潮湿,他叫仆人把石屋揩干,然后再饱尝这十头狮子的肉。吃时,才发现这十头狮子其实是石头的,不能吃。

这篇短文,原作不过百字,却能用一个同音字将姓施的这个书呆子吃"石狮"的故事描绘得淋漓尽致。非语言天才何能有此奇想,出此妙笔?虽属"文字游戏",但充分表现出了单音节汉字视听分离的特色。

胡适是第一个送礼的人

1920年9月18日,赵元任在"国语统一委员会"参加会议,会议结束时天色已晚,赵元任只得到表兄庞敦敏家寄宿。当时,表嫂冯织文正邀请曾经留学日本东京女医学校的同学们聚会。席间,赵元任有幸结识了在绒线胡同开办"森仁医院"的林贯中、杨步伟两位小姐,赵元任还在聚会上演唱了美国歌曲《Annie Laurie》。此后,赵元任经常去森仁医院看望她们,并与杨步伟建立了深厚的感情。

一天晚上,赵元任匆匆忙忙赶到森仁医院,一进门就把杨步伟的一盆大菊花踢翻了,望着杨步伟惊慌的神情,赵元任诙谐地说:"男人不总要鲁莽一点才像吗?我赔你几十倍好了。"弄得杨步伟哭笑不得。果然,以后每逢杨步伟生日,赵元任都要送上一大盆黄菊花,而且终生如此。

很快,赵元任和杨步伟相爱了,每天黄昏,他们相约中央公园散步,在"公理战胜"牌楼下,赵元任第一次叫她"韵卿",一改过去"杨大夫"的称谓。他们一道走过"来今雨轩",再穿过松林,又过"格言亭",在"社稷坛"前,赵元任表白了爱的心声。在与赵元任相爱之前,杨步伟曾被父母指腹为婚,她自己写信给家里,要求解除婚约,赵元任也与家庭包办的女子解除了婚约。多年后,赵元任夫妇谈及这段往事,依然彼此调侃地说:"元任,我定得对不对?""你退得对,定得对,我后来也是退得对,不然不是娶不到你吗?"

对于赵元任的恋爱,胡适似乎早有察觉。多年后,胡适曾著文回忆起他们决定结婚的那晚情景:"赵元任常到我家来,长谈音韵学和语文罗马化问题,我们在康奈尔读书时候就常如此。以后我注意到他来的没有那么勤,我们讨论的也没有那么彻底。同时我也注意到他和我的同乡杨步伟(韵卿)小姐时常往来。有一天,元任打电话给我,问我明晚是不是有时间来小雅宝胡同49号和他及杨小姐,还有另一位朋友朱春国小

姐一块吃晚饭。城里那一带并没有餐馆或俱乐部之类用餐的处所,我猜想是怎么一回事。为了有备无患,我带了一本由我注的红楼梦,像礼物一样,精致地包起来。为防我猜错,在外面加包一层普通纸张。那晚,我们四人在精致小巧的住宅里,吃了一顿精致的晚餐,共有四样适口小菜,是杨小姐自己烧的。茶后,元任取出他手写的一张文件,说要是朱大夫和我愿签名作证,他和韵卿将极感荣幸。赵元任和杨步伟便这样结了婚。我便是送给他俩礼物的第一人。"

　　有关赵元任夫妻的趣事还有很多:赵元任好客,在清华教书时,他家来客不绝,他不得不专门雇一名厨师。后来,赵夫人、杨步伟与几位教授夫人商量,干脆在清华园大门外的小桥边开了一个饭店招待客人,门上对联云:"小桥流水三间屋,食社春风满座人。"开张时,大家都去帮忙,谁想一下子来了两百多人,把菜吃得精光。因为是熟朋友,又不能收钱,两个月下来,四百大洋的本钱全亏光了。赵元任吟诗曰:"生意茂盛,本钱赔净。"……

陈寅恪：博学风趣的"活字典"

大师生平

陈寅恪（1890~1969），出身名门望族。祖父陈宝箴官至湖南巡抚；父亲陈三立，晚清著名诗人，四公子之一；长兄陈衡恪是著名画家；夫人唐筼是台湾巡抚唐景崧的孙女。少时就读于南京家塾，1902年，随兄东渡日本，入巢鸭弘文学院。1905年因足疾辍学回国，后就读上海吴淞复旦公学。1910年出国留学，先后到德国柏林大学、瑞士苏黎世大学、法国巴黎高等政治学校就读。1914年回国。1918年冬，再度出国游学，先在美国哈佛大学随蓝曼教授学梵文和巴利文。1921年，转往德国柏林大学。1925年回国，1926年6月，应聘为清华国学研究院导师。1930年，任清华大学历史、中文、哲学三系教授兼中央研究院理事、历史语言研究所第一组组长，故宫博物院理事等职。1938年，西南联大迁至昆明，陈寅恪随校到达昆明。1942年春，陈寅恪拒绝到日军侵占的上海授课，随即出走香港，取道广州湾至桂林，先后任广西大学、中山大学教授，不久移居燕京大学任教。抗战胜利后，陈寅恪再次应聘牛津大学任教。1949年回国，任教于清华园，继续从事学术研究。1969年在广州逝世。

博学多闻,风趣幽默

从上世纪20年代开始,关于陈寅恪的传奇故事,一直在清华园里流传,甚至连他的名字,也成了人们争相议论的话题。陈寅恪曾游学西方多年,"奔走东、西洋数万里",足迹遍及德国、美国、法国、瑞士等地,先后就读于德国柏林大学、瑞士苏黎世大学、法国巴黎高等政治学校、美国哈佛大学等著名学府,学习并掌握了汉、蒙、藏、满、日、英、法、德和梵文、巴利、波斯、突厥、西夏、拉丁、希腊等十几种语言,尤以梵文和巴利文突出。**他的学术见解,为国内外学人所推崇,在20世纪中国学术史上空前绝后。但是,陈寅恪始终没有获得一个学位。因为在他眼里,文凭不过是一张废纸而已。**

陈寅恪的博学多闻是众所皆知的。1919年,吴宓在哈佛刚刚认识陈寅恪时,就宣称:"吾必以寅恪为全中国最博学之人。"日本史学权威白鸟库吉也称陈寅恪为中国最博学的人。1938年,白鸟库吉在研究中亚史的时候遇到疑难问题,向德、奥知名学者求助,都未能解决,直到遇到陈寅恪之后,难题才得到满意解答。

就是这样一个博学多闻的大学者,也不失风趣幽默的一面。1924年,清华研究院拟邀请赵元任回国执教。当时,赵元任在哈佛执教,哈佛答应只有他找到一个相当资格的人来代替,才放他走。于是赵元任写信给远在德国的陈寅恪,推荐他接替自己在哈佛的职位。陈寅恪回信道:"我不想再到哈佛,我对美国留恋的只是波士顿中国饭馆醉香楼的龙虾。"这封委婉俏皮的婉拒信,多年后仍为赵氏夫妇津津乐道,认为这正是陈寅恪性格中可爱的一面。

1925年,清华正式成立"国学研究院",宗旨是用现代科学的方法整理国故,培养"以著述为毕生事业"的国学人才。当时,远在德国游学的陈寅恪,经吴宓、梁启超的推荐、提名,接到了国学院研究院的聘书。

据说，梁启超为了推荐陈寅恪，还曾与清华校长发生过一番舌战。校长认为，陈寅恪一无大部头的著作，二无博士学位，怎么能担任国学研究院的导师呢？**梁启超说：" 没有学衔，没有著作，就不能当国学院的教授啊？我梁启超虽然是著作等身，但是我的著作加到一起，也没有陈先生三百字有价值。"** 梁启超还说："这样的人如果不请回来，就被外国的大学请去了。"

1926年5月，陈寅恪正式受聘为国学研究院导师，与王国维、梁启超、赵元任并称"四大导师"。陈寅恪早期主要讲授的课程有：西人之东方学之目录学、梵文、唐代西北史料、魏晋南北朝隋唐史、高僧传研究、佛经翻译文学、文学专家研究、蒙古源流研究等。罗家伦执掌清华后，陈寅恪又相继主讲了《世说新语》研究、唐诗校释、魏晋南北朝史专题研究、隋唐五代史专题研究等课程。

陈寅恪虽然留学欧美十多年，骨子里却是十分传统的。他每次上课时，都是抱着一个装资料的布包走进教室。而且很有意味的是，他讲授佛经文学、禅宗文学的时候，一定用一块黄布包着那些参考书，而讲其他课程，则用黑布包着。每次，他都是很吃力地把那些书抱进教室，绝对不让学生帮忙。下课时，同学们想替他把书抱进教员休息室，他也不肯。每逢讲课讲到要引证的时候，他就打开带来的参考书，把资料抄在黑板上，写满一黑板，擦掉后再写。

早年在清华时，陈寅恪正在给学生上课，一时兴起，突然开玩笑地说：**"我有个联送给你们：南海圣人再传弟子，大清皇帝同学少年。"** 意思是，梁启超是康有为的弟子，他们又是梁启超的弟子也就是康有为（康有为有"南海圣人"之称）的再传弟子了；而王国维曾任南书房行走，做过溥仪的老师，现在他们又是王国维的弟子，自然与大清皇帝是同学了。引得学生哄堂大笑。

更妙的是，北伐成功后，罗家伦执掌清华，送给陈寅恪一本他编的

《科学与玄学》。陈寅恪翻了翻，说："我送你一联——不通家法科学玄学，语无伦次中文西文。匾额——儒将风流。"又说："你在北伐军中官拜少将，不是儒将吗？你讨了个漂亮的太太，正是风流。"众人捧腹大笑。

治学之余，陈寅恪还喜欢张恨水的小说，称得上是张恨水的"铁杆粉丝"。由于视力不好，他通常听人读张恨水小说，听得十分入迷。此外，研究之余，他还写下了大量诗作。尤其是旧体诗方面成就很高，得到业内高度评价。这些都反映了其作为一代大师的性格丰富性，也是陈寅恪的可爱处。他在1929年所作的王国维纪念碑铭中，首先提出以"独立之精神，自由之思想"为追求的学术精神与价值取向。他当时在国学院指导研究生，并在北京大学兼课，同时对佛教典籍和边疆史进行研究、著述。在清华大学开设语文和历史、佛教研究等课程。他讲课时，或引用多种语言，佐证历史；或引诗举史，从《连宫洞》到《琵琶行》《长恨歌》，皆信口道出，而文字出处又无不准确，伴随而来的阐发更是精当，令人叹服！盛名之下，他朴素厚实，谦和而有自信，真诚而不伪饰，人称学者本色。

陈寅恪对佛经翻译、校勘、解释，以及对音韵学、蒙古源流、李唐氏族渊源、府兵制源流、中印文化交流等课题的研究，均有重要发现。在《中央研究院历史研究所集刊》《清华学报》等刊物上发表了四五十篇很有分量的论文，是国内外学术界公认的博学而有见识的史学家。

陈寅恪一生追求真理，崇尚学术自由。他一生从未写过一篇媚俗的文章，从未无感而发地去"遵命"写作，这是中国文人学者最可宝贵的性格。陈寅恪讲课，独辟蹊径，贯通中西，从不拾人牙慧。他的每堂课都是经过认真准备的，注重启发与发现，而不讲究形式。他曾经说过：**"前人讲过的，我不讲；近人讲过的，我不讲；外国人讲过的，我不讲；我自己过去讲过的，也不讲。现在只讲未曾有人讲过的。"** 他在课余分析各国文字的演变时，竟把葡萄酒原产何地、流传何处的脉络，给

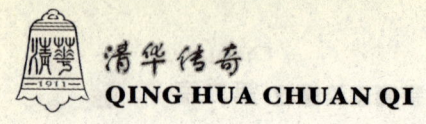

学生讲述得一清二楚。

▶ 联句代考,开拓国学

陈寅恪不仅具备深厚的国学根底,同时接受了严格的西学训练,但他从不满足于所知所学,对学术精益求精,仅梵文一项,就先后攻读了10年。当时,中国学术正处在与国际学术接轨的时期,在梁启超、王国维的鼎力支持下,陈寅恪为中国学术开辟了一个崭新的领域——对不同民族语文与历史的比较研究。

1932年夏,清华大学国文系主任刘文典请陈寅恪拟定招生试题。不料,他出的题目非常简单。考题除了一篇命题作文《梦游清华园记》之外,只要求考生对个对子,而对子的上联仅有三个字:"孙行者"。陈寅恪拟定的标准答案是"王引之"、"祖冲之"。一个名叫周祖谟的考生,给"孙行者"对出的下联是"胡适之",用的是当时学界最时髦的人物胡适的名字,十分有趣,出乎陈寅恪的预料。

用"对对子"这样的文字游戏来作为清华大学的招生试题,对此很多人颇为不屑,有人误以为这是以旧学的看家本领向新文化挑战。其实,陈寅恪自有他的一番深意。当时,很多学者都并不清楚中国语文真正的特色在什么地方。陈寅恪觉得,用"对对子"这个方法,可以非常明显地看出中国传统语文的真正特色,尤其是跟印欧语系的区别在哪里。陈寅恪关注的是汉语的文化特征和世界地位,对民族传统语文充满了自信。

后来,陈寅恪在《学衡》杂志上发表《与刘叔雅论国文试题书》,提出之所以让学生对对子的四条理由:一、对子可以测试应试者能否分别虚实字及其应用。二、对子可以测试应试者能否分别平仄声。三、对子可以测试读书之多少及语藏之贫富。四、对子可以测试思想条理。他认

为，这其实是最简单的测验应试者基本功的一个好办法，并称："凡能对上等对子者，其人之思路必贯通而有条理，故可藉以选拔高才之士。"

虽然这只是一种教学之争，却多少反映出陈寅恪性格中幽默不羁的一面。据说后来在西南联大时，陈寅恪一时兴起，还作了一副"见机而作，入土为安"的对联，也算是对当年师生跑警报生活的一种生动的记录。

与此同时，陈寅恪还把目光投向了魏晋南北朝和隋唐，也就是学界通称的"中古史"，这也是陈寅恪第一次学术转向。

卢沟桥事变爆发后的22天，日军逼近清华园车站，北平即将不保。陈寅恪的父亲陈三立已85岁高龄了。这位在上海"一·二八"事变期间十九路军抗战时梦里狂呼"杀日本人"的老者开始绝食，5天后不幸去世。为父亲守灵的那些天，陈寅恪久久地斜卧在走廊的躺椅上，一言不发。由于用眼过度，陈寅恪的右眼视网膜剥离，已经看不清东西了。在为父亲守孝49天后，右眼失明的陈寅恪携妻将雏，离开了已经沦陷的北平，踏上了流亡之路，后来又随清华大学南迁云南。

"家亡国破此身留，客馆春寒却似秋。"在几乎没有任何参考书籍的情况下，陈寅恪撰述了两部不朽的中古史名著——《隋唐制度渊源略论稿》和《唐代政治史述论稿》。1939年春，英国牛津大学聘请陈寅恪为汉学教授，并授予英国皇家学会研究员职称。他是该校第一位受聘的中国语汉学教授。但由于二战爆发，交通断绝，牛津大学虚位等待陈寅恪多年，才无奈另请他人。

▶ 双目失明，重返清华

在抗战如此严酷的境遇里，陈寅恪恪守着一个民族的史学传统："国可以亡，史不可断，只要还有人在书写她的历史，这个民族的文化就绵延不绝。"他顽强地为后世留下了自己对中国唐代历史的系统研究著作。

陈寅恪的左眼高度近视,加上由于长期艰苦工作,他的视力急速下降。当他辗转来到成都的燕京大学时,已经难以把学生的成绩及时无误地填入成绩单里。为避免出错,他只能让大女儿代自己把批好的分数抄到表格上。1944年12月12日,陈寅恪的《元白诗笺证稿》基本完成,就在这天早上,陈寅恪起床后痛苦地发现,他的左眼也失明了。

当陈寅恪被人搀扶着回到清华园时,校长梅贻琦曾劝他休养一段时间。陈寅恪回答说:"我是教书匠,不教书怎么能叫教书匠呢?我每个月薪水不少,怎么能光拿钱不干活呢?"据学生们回忆,陈先生说这话时,脸上虽是笑着,但让他们感受到的神情,却是严肃而坚决的。

一个瞎子被聘为教授为大学生授课,这在世界教育史上是绝无仅有的。清华为陈寅恪配了3个助手来协助他的教学和研究。这3个助手都是他当年的学生,其中汪篯是他最喜欢的一个。据陈寅恪之女陈美延回忆:"我父亲喜欢的人是有一个标准的,一定要数学好,思维逻辑要清楚。汪篯先生的数学特别的好,所以他们就可以无话不谈。"陈寅恪对助手说:"人家研究理科,是分秒不差的。我的文史研究,是年、月、日不差的。"

王　力：十四箱藏书结缘清华

大师生平

王力（1900～1986），字了一，广西博白县人。中国语言学家、教育家、翻译家、散文家、诗人，中国现代语言学奠基人之一，北京大学一级教授。王力出身寒门，父亲虽为秀才，但少年时代家境已败，14岁高小毕业后无力再读中学，只好帮助父亲打理杂务以维持全家生计。1916年任博白高等小学国文教员。1924年入上海南方大学学习，次年转入上海国民大学。1926年考进清华大学国学研究院。1927年赴法国留学，获巴黎大学文学博士学位。1932年回国，历任清华大学、燕京大学、广西大学、西南联合大学教授，岭南大学教授、文学院院长，中山大学教授、文学院院长、语言学系主任。1954年调北京大学任教授，直至去世。

▶ 十四箱书"打底"，顺利考入清华

王力的人生转折点出现在20岁那年。当地一位姓李的乡绅请他去当塾师，他在李家的书房里发现了14箱布满积尘的藏书。原来，李家先父曾上过广东著名的广雅书院，置下了14箱藏书。王力欣喜万分，他向主

人提出借阅这批书，主人很高兴地答应了，并托王力代为保管。由于家境贫寒，王力只念了高小，只读过四书五经的他，从这14箱经史子集的注疏本中，如饥似渴地汲取知识。民国十年，王力依靠这批书，和一些朋友发起"民十图书社"，从而有了一点名气。

几年后，博白县"李氏开国学校"聘请王力任教。一开始，学校嫌王力学历太低，只让他教初小，一个月后才让他教高小。这一时期，王力自学了中学代数等课程。又过了几年，一位同事劝他外出求学，并且与校长共同资助了他100多块钱盘缠，王力这才坐船来到上海。到达上海后，王力考入私立上海南方大学国学专修科，后转入章太炎挂名校长的国民大学。

1926年夏，北京清华国学研究院要在全国招收32名研究生，王力对国学研究有浓厚的兴趣，决定报名应考。但清华国学研究院招生简章上规定，报考必须具备三个条件之一：一，大学毕业生；二，曾在中学任教五年的教员；三，从名师研究有心得者。王力对照了这三个条件，前面两条均不符合。他只读了两年大学，尚未毕业；只当过小学教师，从未当过中学教师。只有第三条还有点活动的余地。他想，他在国民大学读书时，章太炎任校长，若以从名师章太炎研究去报名，或许获准报考也未可知。于是，他就以这条理由报名，果然通过了第一关。接下来的入学考试可谓别出心裁，人称"四个100"：100个人名，要求写出各自的时代与主要著述；100个古代地名，要求回答今天对应的地理位置与地名；100部书，要求写出每部书的作者；100句诗词，要求标明作者与出处。显然，要答好这些试题绝非易事，王力学历浅，但国学根底扎实，他凭着当年烂熟于胸的14箱藏书，从容不迫地回答了"四个100"中的问题，交出了一份满意的答卷。只三年工夫，王力就从一个只有高小学历的无名小卒跻身清华大学研究生之列，创造了人生的奇迹。

泪挽王国维，联句梁启超，铭记赵元任

  王力在清华国学研究院上的第一堂课，是王国维讲的《诗经》。王力久仰静安先生的大名，自学时代就读了不少他的著作，《人间词话》中的章节，王力都能脱口而出。在王力的想象中，能写出像《人间词话》那样才气横溢的作品的人，必定是位仪表堂堂、风度翩翩的大学者。当王国维踏进教室为王力他们讲第一节课时，王力不禁大吃一惊：原来这位国学大师竟是个小老头。不过，王力非常钦佩王国维的治学精神。他决心按老师的要求，刻苦钻研，勇于探索，锲而不舍，以期做到有所发现，有所创造，有所突破。1927年夏，王力即将毕业，准备集中向王国维请教一些问题时，突然传来王国维失踪的消息。整个研究院都惊动了，学生们和王国维的家属纷纷出动找寻，遍寻不着。王力心急如焚，及至找到颐和园昆明湖畔，看到老师的尸体湿淋淋的，用一张破席裹着，不禁痛哭失声。带着极其悲痛的心情回到了研究院，王力洒泪写下了挽诗《哭静安师》：

似此良师何处求？山颓梁坏恨悠悠。

一自童时哭王父，十年忍泪为公流！

  梁启超也是深受王力敬爱的老师之一。王力除了在课堂上接受梁启超的教诲，在课余的接触中，也受到不少教益。王力钦佩梁启超的学问，喜欢读他的诗文，因此常到梁启超家谈论诗文，并当面请教于他，亲聆他的教诲。有段时间，梁启超因妻子病逝，爱子远行，加上列强侵略，内战频仍，情绪抑郁，就常邀王力一起集句联对，借以消愁。王力也有集联的雅兴，就常到老师家看老师的集联，同时也带上自己的集联，请老师指点。一天，他在老师家看集联，老师问他："这些集联，你喜欢哪副？"王力指了其中一联，并请老师书赠。梁启超二话不说，即刻挥毫写就赠给王力：人在画桥西，冷香飞上诗句；酒醒明月下，梦

魂欲渡苍茫。

在清华国学院四大导师中，对王力影响最深的当属赵元任。王力在教小学时，曾给学生讲古文法，那时他就对语言学产生了兴趣，现在听赵元任讲音韵学，对赵元任中西融会、博古通今的学术造诣十分敬佩，于是决定选学语言学，师从赵元任。当时，王力是全班唯一一个跟赵元任学语言学的学生。王力笃学勤钻，甚得赵元任的喜爱。赵元任夫妇待他亲如家人，有时他到赵元任家中向老师请教，正碰上吃饭时间，赵元任的夫人杨步伟就幽默地说："坐下边吃边谈吧，不怕你嘴馋！"

赵元任移居美国后，心系祖国，思念亲友，每隔10年就要写一封绿色的信给亲友，绿信封面上印有赵元任的全家福。王力在长沙时收到过一封，1973年又收到一封。赵元任于1982年在美国病逝，王力含泪写了《哭元任师》：

离朱子野逊聪明，旷世奇才绝代英。
提要钩玄探古韵，鼓琴吹笛谱新声。
剧怜山水千重隔，不厌辀轩万里行。
今后更无青鸟使，望洋遥莫倍伤情。

王力与赵元任深厚的师生之情，是建立在学术上的。赵元任曾劝王力努力学好外语，并对王力说："西方许多科学论著都未译成中文，不懂外语，就很难接受别人的先进科学。"1927年，王力在研究院写的毕业论文《中国古文法》本想写成一部书的，因时间不够，只写了头两章《总略》、《词之分类》，就送给梁启超审阅。梁启超看到文中有不少创见，便写了"开拓千古，推倒一时"等很好的评语。梁启超看后送给赵元任，赵元任对文中的《附言》写上了眉批："删《附言》，未熟通某文，断不可定其无某文法。言有易，言无难！"他还在"有"、"无"二字下加了着重点。赵元任在几处批语中，都是挑论文毛病的。王力看后，自愧治学不严，后来就以"言有易，言无难"作为自己的座右铭，王力常说："赵先生这句话，我一辈子受用。"

尽管王力在清华国学研究院的时间只有一年，但他的学问和事业却受益匪浅。他曾经说过："如果说发现14箱书，是我治学的转折点，使我懂得了什么是学问，那么，研究院的一年，就是我的第二个转折点，有了名师的指点，我懂得了到底应该怎么做学问。"

▶ "龙虫并雕"，替百姓"哭穷"

王力将自己的宏篇著作称为"龙"，把其他各种文章称为"虫"，并将自己的书屋名为"龙虫并雕斋"。上世纪40年代，他的一篇短文引出了一段趣事，令人深切地感受到他的文学造诣与雕龙绣笔。那时，王力在昆明的西南联大任教，他针对时局，从下层人民的立场出发，写出了一批题为"龙虫并雕斋琐语"的杂文，在社会上引起很大反响。其中一篇《领薪水》，描述了当时公务员及教育界人士，在物价飞涨情形下的窘迫状，唤起了人们的广泛同情。

王力在文中尖锐地指出，"薪水"本来是一种客气的话，意思是说，劳动人民所得的报酬太微薄了，只够买薪买水。接下来，他形象地讽喻说，以后得将"薪水"改为"茶水"，甚至"风水"了。王力先生还精心编排了一节骈文，描述了人们领到这点微薄"薪水"后的情形：

家无升米，欲吃卯而未能；邻亦箪瓢，叹呼庚之何益！典尽春衣，非关独酌；瘦松腰带，不是相思！食肉敢云可鄙，其如尘甑愁人；乞墦岂曰堪羞，争奈儒冠误我！

1944年3月26日，《生活导报》刊登了王力的这篇《领薪水》。刊出不久，一位叫张开一的读者特意从会泽县汇来二百元钱，托报社转交王力教授，聊表支援及敬意。在附函中，张开一还写下了这样一首诗：

自从读了《领薪水》，瞒人流去多少泪！

所悲非为俸微事，惟叹国贼良心昧。

张开一的共鸣与理解，深深感动了王力先生。为了表示对张开一先生的感谢，他立即复函一封：

开一先生：

《龙虫并雕斋琐语》里，许多话都是无稽之谈。中国古代的文人喜欢装穷装病，我也染上了这种风习。如果说那一篇《领薪水》说的是实话，那么，我说的只是一般公教人员而不是我个人。你读了《领薪水》而感动，我读了你的信更感动。也许公教人员比街头小贩值得骄傲的，就在这一种安慰上。国币二百元仍托生活导报社汇还，谢谢你。

从中，我们可以看出王力先生对下层人员生活状态的关注和同情，正因为此，文章便深切地打动了读者，并由此引出这段同病相怜、穷帮穷的感人而又令人心酸的"趣事"。

姜亮夫："一生结了两个大瓜"

大师生平

姜亮夫（1902～1995），云南昭通人，原名寅清，字亮夫，国学大师、著名教育家，毕生研究楚辞学、敦煌学、语言音韵学、历史文献学。1921年考入成都高等师范学校国文部。1925年考入清华大学国学研究院，师从王国维、梁启超、陈寅恪。1928年执教于南通中学、无锡中学，后任大夏大学、济南大学、复旦大学教授，其间师从章太炎先生。1933年任河南大学教授。1935年赴法国巴黎进修，1937年经莫斯科回国，先后任职东北大学教授、英士大学教授兼文理学院院长、云南大学教授兼文法学院院长、昆明师范学院教授、云南省教育厅厅长、云南省军政委员会文教处处长。1953年任浙江师范学院（现浙江师范大学）、杭州大学（现浙江大学）中文系教授、中文系主任、古籍研究所所长、博士研究生导师。

▶ 出身名门，从小熟背《正气歌》

姜亮夫出生于云南昭通城内的一个书香世家。父亲姜思让，毕业于清末京师大学堂，是一位标准的维新派人物。大伯姜思孝、四伯姜思敏都曾留学日本,二伯姜思敬也是地方上具有先进思想的知识分子,曾经在昭通地方开办新学。姜亮夫先生在回忆父辈的经历时说:"我父亲是云南东部昭通十二州县光复时的领导人之一,年轻时,就受到梁任公、章太炎先生的影响,是非常爱国的人。他平常教我爱国思想,从小就要我读格致教科书等科学知识的书。"他还说:"我父亲有一件事情使我非常感动,他喜欢文天祥的《正气歌》,几乎每年都要写一次,并且都写成大的条幅,可以在墙上挂的。所以,我八岁时就把它背熟,父亲给我讲解。我一生之所以有一些爱国主义思想,恐怕要数父亲的影响来得大。"姜亮夫先生出生于这样一个思想先进的知识分子家庭,使他从小受到了良好的民主爱国思想和文化熏陶。

投考清华,两位主考层层把关

1925年,姜亮夫考取北师大研究科后,只读了一两个月,他听同学说,清华大学的入学考试极难,一般人很难通过,于是心头一动,萌生了再考清华的念头。

姜亮夫的第一位考官是梁启超。1925年9月,清华的入学考试已经结束,成绩榜还没有发,姜亮夫不甘心就此放弃,他亲自写了一封信给梁启超,详细地介绍了自己的情况,希望梁先生能够再给他一次补考的机会。当时,与姜亮夫一起要求补考的还有三四个人。几天后,他果然收到了清华教务处面试的通知。面试当天,梁启超亲自主考,补考之前,梁先生向姜亮夫提了一连串的问题:"松坡先生是你什么人?"姜亮夫说:"是我父亲的上司,我父亲曾在松坡先生手下做事。"梁启超又说:"廖季平是不是你老师?"姜亮夫说:"是的。"梁启超说:"这些先生都很好,你为什么不在成都高师读下去?"姜亮夫回答说:"成

都高师我已经毕业了。"梁启超点点头说："好，就让你补考吧。"

接着，梁启超给姜亮夫出了题目：《试论蜀学》。姜亮夫大笔一挥，当即写了两三千字的文章交了上去。梁启超一边看，一边微微地笑着，不时地点点头。而后对姜亮夫说："姜寅清，你这篇文章说明你在四川读书时是个用功的人，许多四川老先生的书你都认真读的，文章写得也有趣味。教你写文章的是哪位先生？"姜亮夫说："是林山腴先生。"梁启超说："不怪，他是诗人，他的文章也写得很好。"

通过了梁启超的第一关，姜亮夫接下来要面对的是王国维。王国维看了姜亮夫的卷子后，便问："你可是章太炎先生的学生？"姜亮夫回答说："不是，我从四川来的。"王国维说："四川来的，怎么说的都是章太炎先生的话呢？"姜亮夫解释说，因为假期要升学，所以自己就突击看了一部《章氏丛书》。"《章氏丛书》看得懂吗？""只有一二篇我看不懂，别的还可以看得懂。"王先生连声说："好的，好的，你等一会。"接着，王国维到隔壁的办公室去找梁启超，见梁先生没在，就告诉他的助手说："你去跟任公先生讲，姜亮夫这个学生我看可以取。"隔了几天，姜亮夫果然接到了电话，通知他把行李带去，但笔墨也要准备好，并说还要考一次，这一次如考及格就可以正式录取了。

令姜亮夫没有想到的是，复试考的都是一些平时不太注意的常识内容，这下可把他难住了。比如，"十八罗汉的名字""内蒙古的几个地名"等等，除此以外，还考了一些汉语言学和哲学之类的东西。据姜亮夫后来回忆，汉语言学他考了90分，哲学问题也答得很好，但是佛学知识基本交了白卷，地理知识与其他人持平……王、梁二位先生经过一番研究，问姜亮夫的行李在哪里，他回答在门口。梁启超立刻拿起电话告诉门房："你们把刚才进来的姜某人行李送到静斋第一号寝室里边去。"然后转过来对他说："你取了，你算录取了！"梁启超又说："你这次录取只能说你运气好，因为我们正取生中有两名不来，已经到

美国去了,所以拿你备取生第一名递取的。"姜亮夫非常高兴,他想,不管是正取生还是备取生,自己终于可以在清华拼命读书了。

▶ 整理流散文物,埋首巴黎图书馆

姜亮夫曾在《回忆清华国学研究院》一书中写道:"清华图书馆很大,四壁都是书籍,都是参考书,而且是必定要用的书。……研究生院的学生借书无限量。如果提出书单馆内没有,还会想法去买。……"可见,姜亮夫对清华图书馆有着极其深厚的感情。但是他没有想到,一个大胆的决定,竟然将自己的生命与巴黎图书馆紧紧地联结在一起,并且为此付出了巨大的代价。

1935年夏,在章太炎的鼓励下,姜亮夫用出卖书稿所得的稿费,搭乘意大利"康脱索号"邮船,向着大洋彼岸的巴黎驶去。这是一次遥远的旅行,33岁的姜亮夫为他的祖国、他的民族、他为之献身的事业跨出了悲壮的一步。本来,姜先生是准备到巴黎大学攻读博士学位的,但是巴黎博物馆里的所见所闻让他触目惊心:凝聚着祖国历史文化脉络的大量珍贵文物达数千件之多。其中,世界公认的文化瑰宝敦煌文物更是遭到了帝国主义分子的洗劫,大量流散海外。姜亮夫深感痛心,一种强烈的耻辱感噬咬着他的心,他毅然放弃其他方面的研究计划,集中精力,把一切可能接触的中国珍贵文物拍照、拓摹、抄录带回祖国。但是,这对于自费留学的姜亮夫来说,实在是一项艰难而巨大的工程!

在巴黎,姜亮夫节衣缩食,住的是最便宜的旅馆,早晚吃的是白菜煮大米稀饭,中午就在图书馆啃干面包,喝白开水。按照规定,拿破仑宫中收藏的圆明园珍宝根本不让中国人参观,姜亮夫为此到处找关系,甚至贿赂有关人员,终于得以准许抄录拓摹。在巴黎国民图书馆,姜亮

夫先后拍了3000多张珍贵的照片。当时，每拍一张照片要付14法郎，而姜亮夫一天的生活费不足20法郎。

姜亮夫的眼睛受到了严重的损害，主要就是为抄录、拍照、描摹大量的青铜器皿、石刻碑传、敦煌经卷等中国文物。深藏在博物馆里的敦煌经卷，因为年代久远，上面落满了灰尘和污垢，有些地方几乎字迹全无。为此他想了许多法子，他用小刀片轻轻地刮拭卷面，将线装书拆开放一张白纸进去临描。为了准确无误地把经卷上的文字带回祖国，工作进展非常缓慢，有时候一天只能弄出一两行。做完这项工作后，姜亮夫的视力下降了600度！再加上长年伏案工作，晚年的姜亮夫几乎失明，他的学生殷光熹回忆说："我们每次去看望姜老，站在他面前，他不知道是谁，一定要先自报姓名。"

▶ 敬恩师，爱弟子，"一生结了两个大瓜"

姜亮夫是一个非常重感情的人，他对教过自己的恩师心怀感激。他曾对学生们说，自己一生有三件事最伤怀：其一，自己多年来写的书稿在文革中遗失了一部分，上面还有王国维先生写的批语；其二，抗战时期放在上海的2000多卷古籍资料，全被日本人的飞机炸毁了；其三，就是那些曾经给予自己教诲的恩师——王国维、梁启超、章太炎、陈寅恪、赵元任……上课也好，闲聊也好，姜亮夫讲着讲着就会提到自己的恩师，每每提起他们的名字，他总是声音哽咽。

1979年，年逾古稀的姜亮夫接到了教育部发给他的信函，委托他办一个"楚辞进修班"，从全国各地的重点大学讲师中挑选12个人重点培养。9月份，"楚辞进修班"在杭州大学正式开课，课程安排得很满，每周一个上午在教室上课，一个下午到姜亮夫家的客厅上课。姜亮夫讲课，从来不带讲稿，每到上课，学员的录音机就摆满了讲台。他讲课还有个习惯，喜欢闭着眼睛讲，思路异常清晰，头头是道，一副超脱自然的样子。每讲完一课，他会问学生们："听懂没有啊？"然后开出一串参考书目，要学员下去自学。他的参考书目有必读和选读两种，他要求学生在必读书中选择一本精读细读，然后写出论文或者学术报告，给他过目，他仔细看过后会给出意见。**他说："搞学问么，人人都可以搞，我建议你们要发挥自己的优势。才气大的人，可以从文学方面发展；才气一般的人，可以从训诂、义理方面发展。取长补短，学有所成。"**

由于姜亮夫的家在校外，到学校上课要经过一段坑坑洼洼的路，特别是到了梅雨季节，更是泥泞不堪。为了方便姜亮夫上课，杭州大学特意派了一辆专车，同时安排两名进修班的学员到家里搀扶他。有一天，学校的专车中途出了故障，眼看上课时间快到了，屋外又下起了大雨，姜亮夫执意要冒雨前去上课，一路上，两个学生撑着伞，搀扶着他往学校赶。当三人冒着风雨来到课堂上时，所有的人都感动得热泪盈眶，更加珍惜这种难得的学习机会。

在进修班中，有一个不成文的规定，每天晚饭后，都会有一个学员陪姜亮夫到户外散步。趁此机会，姜亮夫给学员开点小灶，指点迷津。一次散步的时候，姜亮夫对来自云南大学的殷光熹说："你们云大来的两个人，一个能苦干，一个是巧干。当然苦干加上巧干就更好了。"1980年7月，进修班圆满结业，学员们正商量着用什么样的方式向姜亮夫致谢，谁知他提前派家人来通知同学们，到杭州一个非常有名的酒楼赴宴。席间，大家频频举杯敬酒，姜亮夫端坐中间，异常兴奋，他鼓励学员们回去要努力工作。他还风趣地说："我这一生结了两个大瓜：一个就是《楚辞通故》，一个就是办了你们这个楚辞班。"

蒋天枢："程门立雪"的师道精神

大师生平

蒋天枢（1903~1988），字秉南，又字若才，江苏丰县人。中国古代文学专家，复旦大学资深教授。少时就读于无锡国学专修馆，师从唐文治先生。1927年考入清华研究院国学门，专攻清代学术史，师从陈寅恪、梁启超。1929年毕业于北京清华学校国学研究院，任东北大学教授。自1943年起，任复旦大学中文系教授。抗战时期，致力于先秦两汉文学与《三国志》的研究，50年代起专攻《楚辞》。1985年后转任复旦大学古籍整理研究所教授，直至去世。

▶ 弟子"程门立雪"，恩师"藏山付托"

蒋天枢当年报考清华研究院，是因为仰慕王国维的大名，可是他还没入学，王国维就已自沉昆明湖，无缘拜在大师门下，蒋天枢叹惋不已。尽管如此，蒋天枢仍然在心里视王国维为自己的导师，每每提到王国维，从不直呼其名，而是尊敬地称其"静安先生"，不但自己如此，他还不许学生直呼"王国维"之名，如果有谁这样叫了，蒋天枢便会严厉地呵斥。可见在他心目中，王国维的地位是多么崇高，多么不容侵犯。

自1927年进入清华大学国学研究院后，蒋天枢一直跟随梁启超、陈寅恪学习。其间，梁启超因身体不佳常住天津，指导蒋天枢的任务主要由陈寅恪一人担任。蒋天枢与陈寅恪的联系日益紧密，由相识、相交到相知，师生情谊日渐深厚。他称陈寅恪为"中国历史文化托命之人"，并公开扬言："在学界，我只佩服陈寅恪一人！" 在给自己的学生授课时，凡是提到老师陈寅恪，必正襟肃立，神情肃穆；凡是涉及陈寅恪的学术争鸣，他一概据理力争，不允许旁人对老师有丝毫的不敬。在一次探讨陈寅恪学术问题的座谈会上，有一位老先生对陈寅恪的《柳如是别传》成见颇多，认为花如此之大的笔墨为一个妓女立传，实在得不偿失。蒋天枢听罢一言不发，旋即拂袖而去，连一个探讨的机会都不给对方。**1964年，年过花甲的蒋天枢与恩师陈寅恪相聚，蒋天枢一直毕恭毕敬地站在陈寅恪床边，默默地听陈寅恪谈话，一直没有坐下。这件事也被学界奉为一段新时代"程门立雪"的美谈。**正因如此，陈寅恪也把蒋天枢视为"最可信赖的人"。在陈寅恪眼中，蒋天枢做学问老老实实，做人本本分分。于是，他把身后文集出版事宜郑重地托付给蒋天枢，并赋诗相赠："拟就罪言盈百万，藏山付托不须辞。"蒋天枢果然不负所望，在政治气候十分不利的环境中，他不顾风烛残年的病体，整日忙于陈寅恪论著的整理和出版工作。经过长达十余年的努力，煌煌巨著《陈寅恪文集》终于由上海古籍出版社出版，蒋天枢花费大量心血写成的《陈寅恪先生编年事辑》一册作为附录，一并出版。此书一出，在国内外学术界引起强烈反响。在蒋天枢的努力下，一笔优秀的文化遗产终于得到保存。

▶ 治学严谨，不写"报屁股"文章

蒋天枢始终坚持陈寅恪"独立之精神，自由之思想"的学术追求，

坚决反对随波逐流、人云亦云。他给学生上课，总是神情肃穆、声如洪钟。每次上课，下面的学生都正襟危坐，莫不对他有一种强烈的敬畏感。

蒋天枢不仅治学严谨，他对学生的关切更是令人感动。他不仅要学生学好课内的内容，还为学生开出一份"国学必读书目"，要大家在课外阅读。在给学生讲《诗经》和《楚辞》这两门课时，他除了在讲义中对《楚辞》的章句有与众不同的详解，还特地亲自手绘彩色地图，来说明屈原行吟的路线。这一切新颖的见解，与当时学术界流行的观点大相径庭，但蒋天枢不畏权威，在讲课中，时时提出自己言而有据的观点，他把最新的研究心得都融进课程中，旁征博引，新论迭出，使学生获益匪浅。对于青年学子，蒋天枢在关心爱护之余，也会一针见血地指出其存在的问题。他对学生们提出两点要求：一是要扎扎实实做学问，首先要把基础打好，不能仅凭兴趣读书。二是不要急于写文章，特别是不要去写"报屁股"文章，蒋先生调侃道："你们急于在'报屁股'上发表一些豆腐干块文章，无非是想换几粒花生米吃，时间也都被浪费掉了。"

蒋天枢为人刚直不阿、仗义执言，1958年，当一些人为"大跃进"唱赞歌时，蒋天枢只说了句"你们说的都是吹牛的话"，便拂袖而去。当他多年的老友为名利所蔽，劝他"走正确路线"时，他不但不为所动，反而不讲情面，直言相告，直戳痛处，老友也不得不承认："吾兄所告，皆金石直言，恰中弟之短处。"

▶ 师生之情，一脉相承

在外人看来，蒋天枢一生疏狂狷介，多少有些不易接近。但熟悉他的学生都知道，"先生是怎样的有人情味"。一次，蒋天枢的高足章培恒教授随恩师外出办事，晚上照例送老师回家。不料车刚开到宿舍门口，大雨倾盆而至，蒋天枢穿的是家常的布鞋，章教授怕先生行走不便，提议背老师前行，却被蒋天枢拒绝了。

当年，蒋天枢朗诵诗经是复旦中文系一绝。1950年代，蒋天枢每天西装笔挺，头发梳得熨熨帖帖去上课。他上课喜欢朗读古诗词，用他那充满感情的山东腔朗读"昔人往矣，杨柳依依……"。当时蒋天枢60多岁，却依然中气十足，神采飞扬，而且每节课必读。上过蒋天枢课的学生都认为听他上课是种享受。或许是受到了老师的感染，瘦瘦弱弱的章培恒有时会在课上扶着眼镜站起来，跟蒋天枢争论一些古文的细节问题，摇头晃脑地引用几段诗词，用他的绍兴腔诵读出来。"山东腔"与"绍兴腔"的师生对话，一时间成为趣谈。

蒋天枢的家满目书册，几乎没有下脚的地方，一家人的衣服差不多都是装在布包袱里的。蒋天枢的妻子经常说："我家只有书籍，没有衣箱。"章培恒回忆说，蒋天枢当年对学生很好，有一次，他给蒋天枢当下手一起帮出版社校验一本书。"当时我干的活其实就是最后将书稿看一遍，但是320元稿费蒋先生先给了。"章培恒先生说，"他让我去买些大部头的书，当时他看中的有两部，一部是《二十四史》，180元，一部是《四部丛书》，240元。我挑来选去，最后决定买便宜的那部，好多剩一些钱还给蒋先生。"

这一脉相承的师生情，今天读来，依然令人感动。

第三章

文坛翘楚逸闻杂记

清华传奇

吴宓：浪漫多情的"孔夫子"

大师生平

吴宓（1894~1978），字雨僧、雨生，笔名余生，陕西省泾阳县人，著名西洋文学家。1916年毕业于清华大学，曾任国立东南大学文学院教授。1925年应母校之聘回归清华，历任国学研究院主任、外国语言学系教授等职。1941年当选教育部部聘教授。1943~1944年代理西南联大外文系主任。1944年秋到成都燕京大学任教。1945年9月改任四川大学外文系教授。1946年任武汉大学外文系主任。自1947年1月起，主编《武汉日报·文学副刊》一年。1949年到重庆，任相辉学院外语教授，兼任北碚勉仁学院文学教授，入蜀定居。1950年4月任教于四川教育学院，9月又随校并入西南师范学院历史系。1978年病逝于陕西老家。

▶ 报考清华，改名"吴宓"

吴宓本名吴玉衡，乳名秃子。"玉衡"取自《尚书》"陈璇玑之玉衡"之义，是北斗七星之一。1901年，祖母决定为孙子改名，以破除不祥，增强体质。于是，请玉衡的姑丈，诗人陈伯澜另取新名。这是吴家的大事，好酒好肉使主客如在节日之中，醉眼朦胧的姑丈在一张破纸片上写出"陀曼"二字，吴玉衡也就变成了吴陀曼。1911年2月，吴宓以第二名的成绩考入清华学堂。1912年春天，清华学校因清廷倒台，民国改制而暂时休学，一个叫吴陀曼的北方"乡下人"在上海圣约翰大学读书，一些同学讥笑他的名字，趁其课间外出在黑板上写下颇具讽刺意味的"糊涂men"。待吴陀曼进门，教室里扬起一阵笑声。他莫名其妙地环视四周，这才发现在同学们的笑声里，是把"吴陀曼"与黑板上"糊涂men"连在一起。于是他决定，以后在发表言论的场合用"吴宓"。

励志"清华水木间"

1914年春天，吴宓和汤用彤讨论了一个严肃而又沉重的话题，是有关国亡时的选择。

汤用彤发问："国亡时，我辈将如何？"

吴宓回答："上则杀身成仁，轰轰烈烈为节义而死。下则削发为僧，遁于空门或山林，以诗味禅理了此一生。"

汤用彤表示，国亡之后，作为学人不必一死了却，因为有两件事可以作为选择。从小处说，是效匹夫之勇，以武力反抗，以图恢复。从大处讲，发挥学人的内在精神力量，潜心于学问，并以绝大的魄力，用我国五千年的精神文明，创造出一种极有势力的新宗教或新学说，使中国在形式上虽亡，而中华民族的基本精神和灵魂不灭，且长存于宇宙。这将是中华民族不幸后的大幸。

这番话使吴宓深刻地感到自己的修养还不够，因为作为学人，浩然之勇气不是一日可养成的，更不是临危一死可以表达的。时年21岁的吴

宓深刻地感受到,自己在人生的道路上学问与德行尚无所成,因此他更觉义务与责任心的重要,对自己的要求也更严。面对社会普遍的重利轻义思想,他在读了《佛说无量寿经》后,表示自己"诚能牺牲一己,以利群众,则恝然直前,无复顾虑"。吴宓的英文教师告诉他:"没有什么像犹豫如此有力地摧毁人的道德力量。"**这使他更加明确地认识到了人生道德、名誉、志业的败坏,不是毁于一时,而是坏于逐渐消磨,弃德而不修,舍道而不行,萎靡从俗,久则无以自拔**。因此,吴宓更加勤勉,在读书时注意内省,尤其注重自己的道德理想主义信念的确立和完善,这一品质陪伴了他一生。

▶ 筹备清华研究院,自称"行政秘书"

提起显赫一时的清华研究院,人们常常会称颂梁启超、王国维、陈寅恪、赵元任、李济等人的教育伟绩。然而,吴宓所作的贡献也是值得大书特书的。冯友兰说:"雨僧(吴宓)一生,一大贡献是负责筹备建立清华国学研究院,并难得地把王、梁、陈、赵四个人都请到清华任导师。他本可以自任院长的,但只承认是'执行秘书'。这种情况是很少有的,很难得的!"

清华本是留美预备学堂,上世纪20年代中期酝酿改制,向正规大学转变。当时,正在东北大学任教的吴宓被聘为清华研究院筹备主任。正式任职之前,吴宓向清华校长曹云祥提出了几个要求,即有全权,负全责,否则自己仍回东北。吴宓的要求获允,清华研究院筹备工作遂得以展开。

首先,确定研究院的地位宗旨,拟定章程。吴宓设定研究院之地位为:"非清华大学之毕业院(大学院),乃专为研究高深学术之机关。"宗旨则简单明确:"研究高深学术,造成专门人才。"即培养以著述为毕生事业的"通才硕学"及各种学校的国学教师，起点甚高，故所聘教授讲师必须是："一、通知中国学术文化之全体，二、具正确精密之科学的治学方法，三、稔悉欧美日本学者研究东方语言及中国文化之成绩"的硕学重望。授课不取讲堂制而采导师制，"注重个人指导"，导师予学生以个人接触、亲近讲习之机会。

大政既定，接下来便是导师的聘任工作了。吴宓去请王国维时，在登门之前，他对王氏这位清朝遗老的生活、思想、习性专门做了调查研究，计定了周密的对付办法。到了王国维住所后，吴宓进得厅堂，二话没说，"扑通"一声趴在地下，先行三叩首大礼，然后起身落座，再慢慢提及聘请之事。如此一招，令王国维大感意外又深受感动，当场答应下来。后来，吴宓在他的日记中这样写道："王先生事后语人，彼以为来者必系西服革履，握手对坐之少年。至是乃知不同，乃决就聘。"除了王国维、梁启超、赵元任、陈寅恪等大师外，吴宓又"费尽力气"地请来了在美国一家博物馆从事古迹调查工作的李济。当时，李济的调查工作尚未完成，吴宓便与博物馆代表反复协商，最后决定李济暂时任讲师，不必专职指导学生。此外，导师的住宅、家具、图书、教学仪器等物品的购置，包括办公室的安排，吴宓都要亲力亲为。

吴宓任研究院主任不久，1925年10月22日，他受邀为清华普通科学生作"文学研究法"的讲演。令他万没想到的是，演讲完毕，却被张彭春借机当场讽刺戏弄了一顿。为此，吴宓后来这样形容自己当日的状况："空疏虚浮，毫无预备，殊自愧惭。张仲述结束之词，颇含讥讪之意。宓深自悲苦。缘宓近兼理事务，大妨读书作文，学问日荒，实为大忧。即无外界之刺激，亦决当努力用功为学。勉之勉之。勿忘此日之苦痛也。"

诗人气质的"孔夫子"

吴宓的学生温源宁这样描写老师:"吴先生的面孔堪称得天独厚:奇绝得有如一幅漫画。他的脑袋形似一枚炸弹,且使人觉得行将爆发一般。瘦削的面庞,有些苍白、憔悴。胡须时有进出毛孔欲蔓延全脸之势,但每天清晨总是被规规矩矩地剃得干干净净。粗犷的面部,颧骨高耸,两颊深陷,一双眼睛好似烧亮的炭火,灼灼逼人。——所有这一切又都安放在一个加倍地过长的脖颈上。他的身躯干瘦,像根钢条那样健壮,坚硬得难以伸缩。"

吴宓是一个诗人气质很浓的人。在清华上课时,主讲英国浪漫诗人和希腊罗马古典文学。他的学生回忆:"雨僧先生讲课时也洋溢着热情,有时眉飞色舞。"课堂上的吴宓常穿一袭灰布长袍,一手拎布包袱,一手挂手杖,戴一顶土棉纱睡帽。虽然打扮得极为古板,口中讲的却是纯正英文诗歌。开讲时,笔记或纸片看都不看一眼,所有内容均脱口而出,讲到得意时,还要拿起手杖,随着诗的节律,一轻一重地敲着地面。

吴宓颇具绅士风度。在西南联大时,即便生活贫困,他也始终保持着绅士风度。这体现在两个方面,一个是个人衣着,一个是对女士的态度。当时朱自清身着云南当地赶马人穿的毡披风,可吴宓始终西装革履,很注意仪表。正因为如此,刘兆吉在《我所知道的吴宓先生》中写道:"记得在西南联大,无论在长沙、南岳还是蒙自、昆明,吴先生都是西服革履,脸上的络腮胡刮得光光的。"

吴宓虽然深受西方文化的影响,但他依然保留着传统学人的风骨。他毕生致力于弘扬和维护中国优秀的传统文化,尤其推崇孔子及其学说。他说:"其前数千年之文化,赖孔子而传;其后数千年之文化,赖孔子而开。无孔子,则无中国文化。"他不仅推崇孔子学说,还亲自进行道德实践。因此,鲁迅称之为"现代中国的孔夫子"。

"欧洲文学史"声名鹊起

吴宓对学生的请求几乎有求必应,是一位热心的老师。他在联大开设了"欧洲文学史",这是一门很重要的基础课。除此之外,他还教英国文学史、希腊罗马文学选读、欧洲名著选读、中西诗之比较、文学与人生等课。吴宓授课一丝不苟。在南岳时,教授宿舍紧张,吴宓与沈有鼎、闻一多、钱穆四人同住一室。在钱穆看来,三人平日孤僻,不爱交游。每天晚上,闻一多自燃一灯放在座位上,默默读《诗经》《楚辞》,每有新见解和新发现,就撰写成篇。吴宓则为第二天上课抄写笔记写纲要。

讲课的功夫来自备课的功夫。吴宓从走上讲台的那一天开始,备课认真就很有名。去清华之前,吴宓曾在南京东南大学任教三年,讲授《欧洲文学史》等课程,一时声誉鹊起。钱穆曾撰文这样描述吴宓的认真:"当时四人一室,室中只有一长桌。入夜雨僧则为预备明日上课抄笔记,写提要,逐条书之,有合并,有增加,写成则于逐条下,加以红笔勾勒。雨僧在清华教书,至少已逾十年,在此流寓上课,其严谨不苟有如此……翌晨,雨僧先起,一人独自出门,在室外晨曦微露中,出其昨夜撰写各条,反覆循诵,俟诸人尽起,始重返室中。余与雨僧相交有年,亦时闻他人道其平日之言行,然至是乃深识其人,诚有卓绝处。"

每次上课,吴宓总带着一本厚书,里面夹了很多写得密密麻麻、端端正正的纸条,或者把纸条贴在空白的地方。每次上课铃声一响,他就走进去,非常准时。有时同学未到齐,他早已捧着一包书站在教室门口。他开始讲课时,总是笑眯眯的,先看看同学,有时也点点名。上课主要用英语,有时也说中文,清清楚楚,自然得很,容易理解。吴宓记忆力非常好,许多文学史大事,甚至作家生卒年代他都能脱口而出,毫无差错。据说,吴宓不仅能用多种语言背诵许多西方文学名作,甚至整

篇的莎士比亚的剧本都能背诵下来,由此可见其学术根底深厚和学习上的刻苦。吴宓的陕西同乡、弟子李赋宁有类似的回忆:"先生写汉字,从不写简笔字,字体总是正楷,端庄方正,一丝不苟。这种严谨的学风熏陶了我,使我终生受益匪浅。先生讲课内容充实,条理清楚,从无一句废话。先生对教学极端认真负责,每堂课必早到教室十分钟,擦好黑板,作好上课的准备。先生上课从不缺课,也从不早退。先生每问必答,热情、严肃对待学生的问题,耐心解答,循循善诱,启发学生自己解答问题。先生批改学生的作业更是细心、认真,圈点学生写的好句子和精彩的地方,并写出具体的评语,帮助学生改正错误,不断进步。"

1923年,《清华周刊》有文章专述"东南大学学风之美,师饱学而尽职,生好读而勤业"。其中述及吴宓授课:"预先写大纲于黑板,待到开讲,则不看书本、笔记,滔滔不绝,井井有条。"文章最后大发感慨曰:"吴先生亦是清华毕业游美同学,而母校未能罗致其来此,宁非憾事者!"一位教授上课能够做到"预先写大纲于黑板,待到开讲,则不看书本、笔记,滔滔不绝,井井有条",可以想见其备课时曾经下过多少工夫。

朱自清：七次跳槽的"清华园住客"

大师生平

朱自清（1898~1948），原名朱自华，字佩弦，号秋实，江苏扬州人，现代散文家，语文教育家，文学家，诗人，学者，民主战士。幼年在私塾读书，1912年进中学学习。1916年考入北京大学预科，翌年，升入本科哲学系，1920年修完课程提前毕业。1925年清华学校设大学部，朱自清被聘为清华大学教授。在清华大学，他开始研究中国古典文学，创作也以诗歌为主转为以散文为主，期间创作了散文名篇《背影》和《荷塘月色》。1931年，朱自清留学英国，漫游欧洲，1932年回国后写成《欧游杂记》，并出任清华大学中文系主任。1937年随清华大学迁至昆明，任西南联合大学中国文学系主任。1946年随清华大学迁回北平，仍为清华大学教授兼任中文系主任。抗战后，国民党发动内战，贫病交困的朱自清生活异常艰苦。1948年8月12日，逝于北平，享年51岁。

▶ 七次跳槽，跳进清华

任教清华之前，朱自清先后任教于杭州第一师范、扬州八中、吴淞

中国公学、台州六师、温州十中、宁波四中、白马湖春晖中学等校。从1920年6月到1925年8月的五年时间内，朱自清走马灯般地换了七个学校，跳槽实在频繁。

1920年，朱自清提前一年从北京大学哲学系毕业。经校长蒋梦麟推荐，他和俞平伯一起来到杭州第一师范学校任国文教员。他们两人和从复旦公学毕业的刘延陵以及学校的另一位教师王祺，被学生称为"后四金刚"。毕业于一师的著名记者曹聚仁在回忆文章《后四金刚》中写道："蒋（梦麟）先生的确替我们安排了复课后的国文教师。他推荐了朱自清、俞平伯二师，他们刚在北京大学毕业，的确有很好的文学修养。"不过，初登讲台的朱自清丝毫没有"金刚"的气势，其学生魏金枝后来回忆说："说话呢，打的扬州官话，听来不甚好懂，但从上讲台起，便总不断地讲到下课为止。好像他在未上课之前，早已将一大堆话，背诵过多少次，又生怕把一分一秒的时间荒废，所以总是结结巴巴地讲。然而由于他略微口吃，那些预备了的话，便不免在喉咙里挤住。于是他就更加着急，每每弄得满头大汗。"及至学生提问，他更是手足无措。"他就不免慌张起来，一面红脸，一面急巴巴地作答，直到问题完全解决，才得平静下来"。

初次亮相如此糟糕，令初出茅庐的朱自清十分尴尬。一个月后，朱自清坚决要求辞职，并写信给蒋梦麟，说要离开杭州，不再教下去了。蒋梦麟还以为是校方作梗，马上致函一师当时的校长姜伯韩，不无责怪地说："假如像朱自清先生这样的教师，还不能孚众望的话，一师学生的知识水准，一定很差。"当时，浙江一师学生自治会主席曹聚仁从校长处得到此信后，便拿着这封信去找朱自清，劝留道："教书是一种艺术，跟学问广博与否是不相干的。"学生们也一起劝老师慢慢来，不要着急，并陪同他去观摩其他班级的教学计划和教学情况。朱自清这才恍然大悟，原来的确是自己不谙教学方法。第二年夏天，经好友介绍，朱自清回到了母校——江苏省立第八中学任教务主任。朱自清虽为人谦和，但秉性耿直，到任不久便和校方发生了争执。大约只待了一个多月的时间，他便以"太忙""教员学生也都难融洽"为由辞职，离开了这个使他厌恶的地方。同年9月，经朋友刘延陵介绍，他来到上海中国公学中学部教书。初来乍到，他便遭遇到了中国公学的学潮。对此，朱自清曾向刘延陵提出一个强硬的办法，即中学部停课以支持大学部。但"新人"毕竟斗不过"旧人"，学校并没有"解散"，而"很好的人"却被解聘了，朱自清又回到了浙江第一师范学校。经过两年的历练，再次回到一师的朱自清已经"渐渐为同学们所认识，成为信仰中的新人物"。

1922年初春，朱自清将家眷从扬州接到杭州来。没有多久，为生计所迫，他又应允了浙江第六师范校长郑鹤春的聘请，只身到台州教书，把妻子和儿女留在杭州。3月间，一师同学来信要求朱自清回去，六师的学生得知消息坚决挽留，盛情难却，他只好答应他们："暑假后，一定回台州来！"9月间，朱自清带了妻子和两个孩子乘轮船又回到了台州。

1923年3月，朱自清由他的北大同学周予同介绍，到温州的浙江省立第十中学任教。当时的温州除了省立第十中学，还有一所省立第十师范学校，因为两所学校的课程大多数相同，所以一些教师都兼教两校。朱自清也不例外，他一边在十中教"国文"，一边又在十师兼教"公民"和"科学概论"。

在温州十中，他每月薪金是30多元，但是学校经费超支，两三个月发一次薪水是常有的事，甚至有时一个月只给十元以维持生活。迫于生计，1924年2月下旬，他决定只身去宁波的省立四中任教。到达宁波四中时，适值学制改革，中学与师范合并。学校将中学六年分为三段，前二年为初中，中二年为公开高中，后二年为分科高中，分文理两科。朱自清担任文科国文教员。他自编教材，教学一贯严谨，备课充分，讲究方法，循循善诱，深受学生的欢迎。学生们常去他住处求教，他每问必

答，绝不敷衍了事。因为来访的人多，朱自清索性在屋中放一张桌子，让学生们环桌而坐，不厌其烦地解答他们提出的问题。或释疑语义，或阐明语源，或传授方法，往往长达数小时之久，深得学生的欢迎。

在此期间，朱自清的朋友夏丏尊也在宁波四中兼职。为了增加收入，接济家用，他应允了夏丏尊的要求，于3月2日到上虞的私立春晖中学教了一个月的书。当他3月间来兼课时，《春晖》半月刊即登出一则消息："本校本学期添聘的国文教员朱佩弦先生自本月起到校就职。"这期间，他写就了著名的《春晖一月》："**走向春晖，有一条狭狭的煤屑路。……山的容光，被云雾遮了一半，映在湖里。我的右手是个小湖，左手是个大湖。湖有这样大，使我觉得自己小了。**"9月16日，他忽然接到夏丏尊来信，要他立即到白马湖春晖中学去。这次夏丏尊信中说要和他"计划吃饭方法"，并且"已稍有把握"，朱自清估计是春晖有专聘之意。校方果然要正式聘用他，朱自清答应担任一班国文。11月15日，宁波四中也给他安排了10点钟的课，朱自清也答应了下来。从此以后，朱自清开始了往来于宁波四中与春晖两校的教书生涯。

朱自清本来以为，此番应该可以安定下来了。可是11月20日至年底，春晖中学起了风潮，学校提前放寒假，开除学生28人。由于风潮事件，匡互生、丰子恺、夏丏尊、朱光潜等人集体辞职离开春晖园。暂时没有合适去处的朱自清虽然留在了春晖，却已下定了离开的决心："此后事甚乏味，半年后仍须一走。"

1925年2月，朱自清给俞平伯写了一封信，信中说："我颇想脱离教育界，在商务觅事，不知如何？也想到北京去，因前在北京实在太苦了，真是住了那些年，很想再去领略一回。如有相当机会，当乞为我留意。"次月，他又给俞平伯去信说："弟倾颇思入商务，圣陶兄于五六月间试为之。但弟亦未决。弟实觉教育事业，徒受气而不能受益，故颇倦之。兄谓入商务（若能）适否？"此时，清华大学正托胡适物色教授,胡适找到了俞平伯,但是俞平伯没有去,他推荐了朱自清,得到了胡适的应允。在迷惘中彷徨的中学教师朱自清倏然间成了清华大学的教授,实在是始料不及的。9月4日,他致信胡适表示感谢:"适之先生:承先生介绍我来清华任教,厚意极感!自维力薄,不知有以负先生之望否!……"就这样,1925年8月暑期过后,朱自清一个人匆匆赶往北京,结束了长达五年辗转不定的生活。

"清华园的住客"

朱自清曾先后居住过清华园西院45号、北院9号和16号。如今校园中的自清亭、朱自清塑像,记载了他作为学者、教育家的一生,也是其爱国主义精神和民族气节的写照。朱自清短暂的人生中,近一半的时光是在清华度过的。

朱自清最初住在清华园南院单身宿舍,与陈寅恪、浦江清、杨振声等教授为邻。俞平伯之子俞润民回忆:"朱自清先生曾住在南院的单身宿舍,距我家很近,因系单身一人,饭食不方便,父亲就请朱自清先生每天来我家共餐。朱先生一定要付伙食费,父亲当然不肯收,见朱先生一定要付,最后只好收下,而暗中却又把这钱全部用在给朱先生添加伙食上。朱先生后来渐渐地察觉了丰盛的饭菜是专门为他做的。"后来在西南联大,朱自清以"西郭移居邻有德,南国共食不相忘"的诗句,表达对这段共餐经历的怀念。

清华大学中文系成立后,朱自清与杨振声一起拟定课程,开创了国内融汇中外文学、新旧文学的大学中文系课程体系。1930年秋,他代理中文系主任,主张"科学化""现代化"的办系理念,以"批判地接受旧文化,创造并发展新的进步文学"为中文系的使命,主张"中外文合

Chapter 3 文坛翘楚逸闻杂记 第三章

系",沟通中西文化。1932年9月,他出任中文系主任,亲自讲授《国文》《中国新文学研究》。他的学风和人格,杨振声描摹得恰如其分:"那么诚恳,谦虚,温厚,朴素而并不缺乏风趣。对人对事对文章,他一切处理得那么公允,妥当,恰到好处。他文如其人,风华从朴素出来,幽默从忠厚出来,腴厚从平淡出来。"

其间,朱自清一家住进西院45号的中式住宅,紧邻荷花池与近春园遗址。1927年仲夏,荷花池的夜色触发文学家敏锐的思绪,有感于军阀征战的国内时局,朱自清写下了不朽名篇《荷塘月色》。1933年1月20日,朱自清移居清华园北院9号,"甚适意"。时常与俞平伯、浦江清、吴晗等友人桥牌竞技,或与闻一多、李健吾、叶公超等文学同道共进餐宴,探讨新文学的方向、诗的形式,颇多快意。他一生清贫,家中除基本陈设外,十分简朴。1936年3月23日,朱自清一家又迁至北院16号。他与妻子散步至成府定购家具,"做二新书橱,把装在两个香烟箱内的书搬出放进书橱,愉快之至"。不久日本入侵,他随清华南迁,在西南联大的岁月里,他时常心系北平,心系清华园。1943年,他读到马君玠的诗《清华园》:

"路边的草长得高与人齐,遮没年年开了又谢的百合花。屋子里生长着灰绿色的霉,有谁坐在圈椅里度曲,看帘外的疏雨湿丁香。"

自称"清华园的住客"的朱自清,仿佛真的回到清华园。1946年10月22日,朱自清全家终于回到清华园,回到久违的北院16号。

▶ 71封情书,有情人终成眷属

19岁时,朱自清与父母包办的女子武钟谦结婚。武钟谦内向沉静,与朱自清同岁。那时,朱自清在清华教书,讲扬州方言,说话很急,还脸红,与武钟谦感情却很好。婚后12年,生下3男3女。可惜武钟谦未能陪伴他很久，在一次肺病中永远离去。看着爱妻辞世，朱自清心内异常难过，发誓不再娶。其后的一年内，六个孩子让他劳心万分，他觉得一个人的力量真是不够，于是在思想摇摆一段时间后，还是去相了亲。对方就是小他7岁的女子陈竹隐，毕业于北平艺术学校，是齐白石的弟子，工书画。她长相清秀，大眼睛，双眼皮，性格很活泼，与武钟谦是两种类型的女子。那天，朱自清穿一件米黄色的绸大褂，戴一副眼镜，看起来还不错。可偏偏脚上穿了一双老款的"双梁鞋"。就是这双梁鞋让陈竹隐的女同学笑了半天，说坚决不能嫁给这土包子。陈竹隐并没有为这双梁鞋去否定一个才华横溢的人，在朱自清再约她时，她欣然赴约。朱自清之子朱思俞回忆说，他们一个在清华，一个住城里，中南海，来往也不是特别方便。那个时候清华有校车，每天从清华发到城里头再回来，要来往的话就靠校车这么交往，没有来往的时候，就靠信件，所以那个时候写信写得比较多。保存下来的朱自清写给陈竹隐的情书有71封。

1931年6月12日朱自清的情书中写道："一见你的眼睛，我便清醒起来，我更喜欢看你那晕红的双腮，黄昏时的霞彩似的，谢谢你给我力量。"然而，陈竹隐却想到一结婚她将成为6个孩子的母亲，这对未婚的她来说，该有多大的压力呀。她在犹豫中，疏远了朱自清。这不得不让朱自清的情书变得伤感："竹隐，这个名字几乎费了我这个假期中所有独处的时间。我不能念出，整个看报也迷迷糊糊的！我相信自己是个能镇定的人，但是天知道我现在是怎样的烦乱啊。"

在朱自清情书的轰炸下，陈竹隐终于抑制不住内心强烈的感情，接受了他和他的孩子。不久之后，朱自清在情书中写："隐，谢谢你。想送你一个戒指，下星期六可以一同去看。"随后，他们去看了戒指。在朱自清欧洲访学结束后，两人在上海结婚，一直共度到朱自清去世。

闻一多：清华是起点也是终点

大师生平

闻一多（1899～1946），原名闻家骅，字友三，湖北浠水人，中国现代著名诗人、学者、美术家、民主爱国人士。1912年考入北京清华学校，1916年开始在《清华周刊》上发表系列读书笔记，1919年"五四运动"中，积极参加学生活动，被选为清华学生代表，出席在上海召开的全国学联。1921年11月，与梁实秋等人发起成立清华文学社。1922年7月赴美留学。1925年夏，从美国留学归国，任北京艺术专科学校教务长。1927年任武汉国民革命军政治部艺术股长。同年秋任南京第四中山大学外文系主任。1928年1月出版第二本诗集《死水》。1928年3月在《新月》杂志列名编辑，次年因观点不合辞职。1928年秋任武汉大学文学院院长兼中文系主任，从此致力于研究中国古典文学。1930年深秋前往山东，任青岛大学文学院院长兼国文系主任。1932年8月回北平，任清华大学国文系教授。此后一直在清华、西南联大任教。1946年在革命烈士李公朴的追悼大会上，作为民盟成员的他作完"最后一次讲演"后，被国民党特务杀害。

清华十年，以"留级"为荣

闻一多的家乡在湖北浠水，是一个非常闭塞的地方，当时，中国还没有严格意义上的大学。梁实秋说过："闻一多的家乡相当闭塞，而其家庭居然指导他考入清华读书，不是一件寻常的事。"

1912年，闻一多正式进入清华学校读书。在闻一多的一生中，清华是他的精神家园，他在那里读书，后来又在那里当教授，他早年的民主思想萌生于清华，中年时，他的民主精神又在清华成熟。没有比清华对他更重要的地方了，清华是他的起点，也是他的终点。

闻一多报考清华那年，清华只在湖北招4名学生，当时的作文题目是《多闻阙疑》，正好应了闻一多名字的来历。少年时代的闻一多，读过不少梁启超的文章，文风也颇有几分梁任公的神采，他的作文得到了主考官的一致赞许，但由于其他成绩平平，只被清华录取为"备取第一名"。当时的清华学校，中等科4年，高等科4年，前后共8年，学生在14岁以前进入，招生名额按各省分担赔款数额分配。入校学习8年后，全部资送美国留学。

本来，闻一多应该在清华待8年，但是他因为英文太差留级一年，而后又因闹学潮再留一级，所以前后一共10年。清华的10年，是闻一多一生中最重要的10年。梁实秋说："他的同班朋友罗隆基曾开玩笑地自诩说：'九年清华，三赶校长。'清华是八年制，因闹风潮最后留了一年。一多说：'那算什么？我在清华前后各留一年，一共十年。'"从这些玩笑式的言谈中，可以感受到清华对闻一多那一代人的吸引力，他们以能在清华多待几年为荣。

执教清华，诗化教子

1937年7月7日卢沟桥事变爆发后，闻一多单身前往已南迁长沙的清华大学任教。两个儿子立鹤、立雕，则和母亲随祖父母回到湖北浠水老家，而老家没有小学，兄弟俩的读书成了问题。闻一多写信给父亲闻固臣，请他教孙子读四书："男意目前既不能学算术，则专心致力中文，亦是一策。惟欲求中文打下切实根底，则非读四书不可。……男意鹤雕亦当仿效。曾见坊间有白话注解本，可购来参考，以助彼等之了解。纵使书中义理不能真实领会，但能背诵经文，将来亦可终身受用不已。"时隔两天，他又专门给两个儿子写信询问学习情况，并再作叮咛："上次写信给祖父，请教你们读四书，不知已实行否？在这未上学校的期间，务必把中文底子打好。我自己教中文，我希望我的儿子在中文上总要比一般强一点。"

当时，清华大学有个休假制度，教授每4年就可以休假一年，以便专门从事研究工作。1939年轮到闻一多休假，于是他得以有了系统化地"诗化教子"的机会。曾发表过《七子之歌》《爱国的心》《醒呀！》《我是中国人》等爱国诗篇的闻一多，在"诗化教子"中不仅让孩子们了解了诗歌，而且通过对诗的评析，向孩子们进行了爱国思想和道德品质的教育，陶冶性情，培养情操。在给孩子们讲诗时，闻一多一般半靠在床头上，手握诗卷，逐字逐句逐段地讲解。有时引经据典地详细解释某一单字或单词，有时介绍历史背景，有时趣味盎然地讲解某个典故，或剖析诗文的意义。闻一多最重视历代那些走在时代前列的开新诗人，像对"初唐四杰"、张若虚、陈子昂、孟浩然等人的诗，都大讲特讲，赞扬他们为盛唐诗歌扫清道路、开辟新局面的不朽功绩，赞扬中国"人品重于诗品"的优良文学批评传统。闻一多往往先从艺术欣赏的角度，对所要讲的诗进行评论，凭着对诗歌的特有理解，在讲清诗的含义后，他还常常会情不自禁地拍案叫绝:"呃,真好呀!你们看,还能比这句写得更好吗?"分析作品时,他就像成了诗人的化身,在叙述这篇作品的创作过程。讲到精彩动人之处,连他自己也融化到诗情诗景里去了,眉飞色舞,神采飞扬,使得孩子们产生如临其境、如见其人的感受。闻立雕在闻一多百年诞辰时著文说:"这一年,听父亲讲诗讲文,收获极大,提高了古汉语的知识水平和欣赏能力;增长了对古代社会与历史的了解;陶冶了情操,特别是开始懂得人间既有真善美,也有黑暗与邪恶,启发和培育了我们对受苦受难人民的同情和对黑暗与邪恶势力的憎恨。"

闻一多特别注重培养孩子们的品行。一天,闻立雕在家里玩得忘乎所以,把做作业的事丢在了脑后。闻一多问他怎么不做作业,他怕挨批评,就顺口撒了一个谎,说老师没留作业。但闻一多从他脸上的表情看出,他是在撒谎,就非常果断而严厉地批评了他。难能可贵的是,重视"诗化教子"的闻一多,在家教中还能勇于向孩子道歉。有一次,他因一时气极而责罚了小女儿,事后主动道歉。因为此事,使其在孩子们心目中的形象显得特别高大!

西南联大,唐风古韵

在西南联大,闻一多开设了"诗经""楚辞""周易""尔雅""唐诗"等近10门课。其中,"诗经"和"唐诗"是最受学生欢迎的。他讲课极为生动,分析诗歌的时代背景如叙述自己的亲身经历,介绍诗人生平如讲解自己熟识朋友的趣事逸闻,评价内容形式又如在谈论自己的创作体会。汪曾祺说:"能够像闻一多先生那样讲唐诗的,并世无第二人。因为闻先生既是诗人,又是画家,而且对西方美术十分了解，因此能将诗与画联系起来讲解，给学生开辟了一个新境界。"

"唐诗"是闻一多在联大最叫座的课。他对唐诗的独特感悟和理解，有别于其他学者。**闻一多最赞赏五言绝句，他认为五言绝句是唐诗中的精品，20个字就是20个仙人，容不得一个滥竽充数。**他讲唐诗，从不因循守旧、蹈袭前人，而是融入了自己对人生、对艺术，尤其是对美学的感悟。闻一多还将晚唐诗和西方后期印象派绘画融会贯通，特别提出了"点画派"的概念。在中国，闻一多是第一个用比较文学的方法讲唐诗的人。

1939年5月25日，闻一多讲《诗经·采薇》。他说："'昔我往矣，杨柳依依。今我来思，雨雪霏霏。'这是千古名句，写出了士兵作战时的痛苦，达到了情景交融的境界。"讲到动情时，他下意识地摸了摸抗战之初留下的胡子，心中流露出无限感慨。

闻一多讲《古代神话与传说》的时候，吸引了工学院的学生也前来听课。他们穿过昆明城，从拓东路赶来时，昆中北院大教室里早已座无虚席。闻一多把自己在整张毛边纸上手绘的伏羲女娲图钉在黑板上。如此繁琐的考证，令在场的每一个人钦佩不已。

据西南联大的学生李凌回忆：闻一多讲《楚辞》有一个特点，他往往等天黑下来的黄昏，在教室之外点个香炉，自己手里拿个烟斗，然后开始念《楚辞》的名句。《楚辞》内容很复杂，但句子很优雅。每逢讲到悲痛的词句时，学过戏剧的闻一多总能朗诵得特别感人。因为闻一多每次讲课都有新的内容，所以很多人赶着来旁听。尽管这样并没有学分，但是大家仍乐此不疲。

唐诗中有空灵、唯美的诗意，有人生幻灭的虚无感，更重要的是，唐诗中的人间疾苦，尤能引起闻一多的感触。闻一多经常跟李凌和他的同学们说起这样的事情，说完以后就讲唐诗，讲杜甫的"三吏""三别"。他愤怒地说："为什么隔了一千多年了，中国的事还是这样悲

惨，比那时候还不如？"

闻一多特别欣赏初唐诗人张若虚的《春江花月夜》。他在《宫体诗的自赎》（此文是闻一多为躲避日军空袭，从昆明疏散到郊区陈家营时所作）一文中，曾把这首诗评价为"诗中的诗，顶峰上的顶峰"。这首诗有浓厚的唯美倾向，却带有几分人生幻灭、虚无颓唐的意味。这让我们看到了闻一多作为民主斗士金刚怒目的另外一面。何兆武认为："闻先生的思想主潮早年和晚年是一以贯之的，本质上他还是个诗人，对美有特别的感受，而且从始到终是满腔热情，一生未曾改变过。"

联大中文系的读书报告不重抄书，而看重有没有独创性的见解，有的可以说是怪论。有个学生交了一篇关于李贺诗歌的阅读报告（汪曾祺当的"枪手"）给闻一多，说别人的诗都是在白底子上画画，李贺的诗是在黑底子上画画，所以颜色特别浓烈。闻一多非常赞赏，说："这文章写得好，比汪曾祺写得还好！"

闻一多的课程之所以吸引人，一方面是其学识渊博，见解独到，分析精辟；另一方面则是由于他的人格魅力——他那诗人和斗士的双重身份，像磁石一样吸引着年轻学子。闻一多在思想转变之前，还有浓厚的名士派头。他在清华大学讲楚辞，一开头总是"痛饮酒熟读《离骚》，方称名士"。他一边讲一边抽烟，学生便也跟着抽，一副嫉恶如仇的样子。

梁实秋：甘当"捧哏"的爱国文人

大师生平

梁实秋（1903～1987），号均默，字实秋，散文家、学者、文学批评家、翻译家，原籍浙江杭县，出生于北京。1915年考入清华学校，开始写作。1923年8月毕业后赴美留学。1926年回国任教于南京东南大学。1927年，任上海《时事新报》副刊编辑，同时与张禹九合编《苦茶》杂志。不久任暨南大学教授。1930年，应杨振声邀请，到山东大学任外文系主任兼图书馆长。1932年任职于天津《益世报》副刊《文学周刊》。1934年任北京大学研究教授兼外文系主任。1935年创办《自由评论》，先后主编过《世界日报》副刊《学文》和《北平晨报》副刊《文艺》。1938年抗战开始，任国民参政会参政员，国民政府教育部小学教科书组主任，国立编译馆翻译委员会主任委员。抗战后任北平师大教授。1949年到台湾，任台湾师范学院英语系教授，后兼系主任，再后又兼文学院长。1961年任师大英语研究所教授，直至退休。1987年11月3日病逝于台北。

家道中落,14岁投考清华

梁实秋的父亲梁咸熙是前清秀才,京师同文馆英文班的第一届学生。1912年,北京发生兵变,梁家被洗劫一空,从此家道中落。梁家是一个传统的中式大家庭,梁实秋很小时,父亲便请来一位老先生,在家里教几个孩子,梁实秋的古文功底就是在那时打下的。

14岁那年,父亲的一位朋友劝梁实秋投考清华。当时,带有国耻意味的清华学校还不大受人们的重视,学校不由教育部管理,校长由外交部派遣,每年招生的名额,则按照各省分担的庚子赔款的比例分配。梁实秋原籍浙江杭县,按规定,本应到杭州去应试,但往返太费事,而且梁家寄居北平已久,梁实秋的父亲特地到京兆大兴县署办理户籍手续,得到准许备案后,梁实秋才到天津省长公署报名,籍贯从此改为京兆大兴县。虽然生长在北京城,但清华远在京郊,而梁实秋又是一个老式家庭中长大的孩子,从来没有独自在外闯荡,要捆起铺盖到一个陌生的地方去,不是一件寻常之事。梁实秋的母亲听说儿子要考清华的事情后,急得大哭起来。但梁实秋没有辜负父亲的期望,他顺利地考上了清华学校。

八月末,北平已是初秋天气,梁实秋带着铺盖到清华报到。清华园在北平西郊外的海淀,大门上"清华园"三字是大学士那桐所题,门并不大,有两扇铁栅,门内左边有一棵状如华盖的老松,斜倚有态,门前小桥流水,桥头经常系着几匹小毛驴。园里没什么景致,不过非常整洁,绿草如茵,校舍十分简朴但是一尘不染。原来的一点儿中国式园林点缀保存在工字厅、古月堂,尤其是工字厅后面的荷花池,徘徊池畔,有"风来荷气,人在木阴"之致。梁实秋在这个地方不知消磨了多少黄昏。

当时的清华学校,完全进行西式教育。在课程安排上也特别重视英文,上午的课,如英文、作文、生物、化学、政治学、社会学等一律用美国出版的教科书,一律用英语讲授;国文、历史、修辞等课程都在下

午。毕业时，上午的课必须及格，而下午的成绩则根本不在考虑之列，所以，大部分学生都轻视中文课程，但梁实秋对中国古典文学情有独钟，下午的课从来不掉以轻心。

清华新生的管理是很严格的，学生都编有学号，梁实秋在中等科的编号是"五八一"，在高等科是"一四九"，每天早晨七点打起床钟，集体到洗漱间，每人的手巾脸盆都写上号码，谁弄脏了要受惩罚。七点二十分吃早饭，四碟咸菜如萝卜干、八宝菜之类，每人三个馒头，稀饭不限。饭桌上，也有各人的号码，缺席就要记下处罚。脸可以不洗，早饭不能不吃。据梁实秋回忆，老师常常躲在门后，拿着纸笔把迟到的一一记下，专写学号，一个也漏不掉。梁实秋从小就有早起的习惯，永远在打钟以前很久就起床，所以从不误吃早饭。清华学校要求学生每两星期必须写一封家信，由于家在北平，梁实秋每逢周日便可获准出校返家。但父亲仍然要求他按时写家信，并特意为他在荣宝斋印制了宣纸做的信纸，要他恭楷写信，年终汇订成册。学校还规定，学生身上不许带钱，除了少许零用钱可随身带着，其他的都要存在学校银行里，而且必须记账，月底结算完毕，要承送斋务室备核盖印然后发还。

清华特别重视体育，跑步、跳高、跳远、标枪之类的课程，梁实秋勉强可以应付，对他来说，最难过的一关是游泳。考试那一天，梁实秋约好了两位同学，各持竹竿站在泳池两边，以备万一。果不其然，他一口气跳进水里之后马上就沉了下去，喝了一大口水之后，人又浮到水面，还没来得及喊救命，又沉了下去。早作准备的两位同学用竹竿把他挑了出来，成绩当然是不及格，一个月后补考。虽然苦练了一个月，补考那天或许由于太紧张，他又开始一个劲儿地往下沉，一直沉到了池底，摸到了滑腻腻的大理石池底，好在这次稍微镇静些，在池底连着爬了几步，喝了几口水之后又露出水面，在接近终点时，从从容容地来了几下子蛙泳，逗得一旁的马约翰先生笑弯了腰，给了他一个及格。梁实秋后来回忆，说这是他毕业时"极不光荣"的一个插曲。

留学美国，巧遇冰心

1923年8月，梁实秋从清华学校正式毕业，与同届的60多名毕业生一起登上"杰克逊总统号"，远赴美国留学。其实，梁实秋对去美国并不热衷，一是因为那时他已经有了恋人，准备结婚；二是对陌生的异域生活多少有些恐惧心理。闻一多是梁实秋在清华时结识的好友兼诗友，没出国之前，两人曾在一起商议，像他们这样的人，到美国那样的汽车王国去，会不会被汽车撞死？结果，闻一多比梁实秋提前一年去了美国，在给梁实秋的来信中诙谐地写道："我尚未被汽车撞死！"并劝梁实秋出国开开眼界。

就这样，梁实秋登上了开往美国的轮船。除了清华这批学生，同去美国的还有来自燕京大学的许地山、冰心。当时，冰心在国内已经小有名气，而梁实秋一直认为，冰心的作品太过纤细，不是一位热情奔放的诗人。当他们在轮船上不期而遇时，梁实秋问冰心："您修习什么？""文学。你呢？"梁实秋回答："文学批评。"因为旅途漫长，梁实秋、冰心等人兴致勃勃地办了一份壁报，张贴在船舱的入口处，三天一换，报名定为"海啸"。冰心的《乡愁》《惆怅》《纸船》就是在这时候写的。起初，梁实秋对冰心的印象是"一个不容易亲近的人，冷冷的好像要拒人于千里之外的感觉"。但接触多了，梁实秋逐渐感觉到，冰心并不是一个恃才傲物的人，不过是对人有几分矜持而已。后来，冰心在自己的小诗中戏称梁实秋为"秋郎"，梁实秋也很喜欢这个名字，还以此为笔名发表过不少作品。

天生幽默，与老舍合演相声

梁实秋性格随和，朋友圈子很广。1924年秋，他在科罗拉多大学获

得学士学位后，进入哈佛大学研究院学习。当时，哈佛和麻省理工有许多中国留学生，彼此之间来往频繁，梁实秋的公寓几乎成了中国学生的活动中心。有一次，梁实秋正在厨房做炸酱面，在清华念书的同窗好友潘光旦带着三个人闯了进来，他们一进门就闻到香气扑鼻的炸酱味，非要在梁实秋这里讨顿面吃，谁知梁实秋竟和他们搞起了"恶作剧"，偷偷地往小碗炸酱里加了四勺盐，咸得大家拼命找水喝。

谈到梁实秋的幽默细胞，不能不提及他与老舍之间的一段趣事。抗日战争期间，重庆北碚一些机关团体举办募捐劳军晚会，一连两晚在礼堂演出节目。梁实秋出面邀请多才多艺的张兆和女士和编译馆的姜作栋先生合演京剧《刺虎》。但是演戏之前需要一个铺垫，于是，老舍先生自告奋勇，请梁实秋与自己合说一段相声。**老舍嘱咐梁实秋："说相声第一要沉得住气，放出一副冷面孔，永远不许笑，而且要控制住观众的注意力，用干净利落的口齿在说到紧要处使出全副气力斩钉截铁一般进出一句俏皮话，则全场必定爆出一片彩声哄堂大笑。用句术语来说，这叫做'皮儿薄'，言其一戳就破"**。

一连两个晚上的演出，第一天老舍逗哏，梁实秋捧哏，第二天再互换角色。梁实秋回忆道："到了上演的那一天，我们走到台的前边，泥塑木雕一般绷着脸肃立片刻，观众已经笑不可仰。以后几乎只能在阵阵笑声之间的空隙进行对话。该用折扇敲头的时候，老舍不知是一时激动忘形，还是有意违反诺言，抡起大折扇狠狠地向我打来。我看来势不善，向后一闪，折扇正好打落了我的眼镜。说时迟，那时快，我手掌向上两手平伸，正好托住那落下来的眼镜。我保持那个姿势不动，喝彩声历久不绝。有人以为这是一手绝活儿，还高呼：再来一回！"

梁实秋称赞老舍，"他对相声特有研究，在北京长大的谁没有听过焦德海、草上飞，但是能把相声全本大套地背诵下来则非易事"。

陆侃如：从清华园走出的半世伉俪

大师生平

陆侃如（1903～1978），字衍庐，江苏海门人，1924年由北京大学中文系毕业，考入清华大学研究院。毕业后任上海中国公学教授，并在复旦大学、暨南大学兼职。1929年在上海与冯沅君结婚，二人合作研究中国古典文学。1932年夏，陆、冯同时出国，入法国巴黎大学研究院，1935年夫妇均获文学博士学位。回国后，二人辗转国内几所大学任教，1947年到青岛担任山东大学中文系教授。1949年青岛解放后，陆侃如任山东大学校务委员会副主任兼图书馆馆长，1951年任副校长、《文史哲》编委会主任，并当选为省人大代表。1953年相继担任全国政协委员、全国文联委员、全国作协理事。1957年被错划为"右派"，1979年平反昭雪，恢复名誉。

"孔雀为什么不作西北飞"

1935年，陆侃如在巴黎大学进行博士论文的答辩。一路应答如流，主考官很满意。突然，主考提出一个怪问题："《孔雀东南飞》这首诗第一句中的孔雀为什么不作西北飞呢？"凡是学习过古文的都知道，诗

文中很多方位词意义是虚化的,不可望文生义,比如"刀枪入库,马放南山"。未必北山就不可以放马。但如果这样回答,势必显得呆板。陆侃如思考了一下,信手拈来《古诗十九首》中的名句,从容作答:"西北有高楼,上与浮云齐。"用意是,"西北"刚好跟"东南"相对,西北的楼高,孔雀怎么飞呢?只好改道向东南飞了。陆侃如的辩解似乎是荒诞的,但谁能说不正确呢?因为在看似戏谑的回答中,闪烁着智慧的光彩不得不让主考官为之折服。

半世伉俪传佳话

陆侃如与冯沅君的相识相恋,颇具传奇色彩。1922年夏,冯沅君考入北京大学国学研究所,陆侃如则完成北京高等师范学校的学业后,考入北京大学国文系。他们的相识有段传奇插曲。当时陆侃如沉浸于先秦文学的研究中,每每至图书馆借阅典籍资料,并在阅览室择座披览,但借书常常步人后尘而落空。馆员说,是一位女同学早把书籍借走了。忽一日,陆侃如瞥见,在阅览室僻静的角落里,有一位女生正在聚精会神地阅读,看她面前摞着的线装书,他便猜到了八九,于是鼓起勇气前去询问,方知这位女同学名冯沅君,而且研究的课题正与陆侃如相同,自此,冯、陆二人得以相识。

在大学一年级,陆侃如先后在《努力周报》《读书杂志》等报刊,发表了《宋玉赋考》《读〈楚辞〉》等论文,次年又在上海出版了单行本《屈原》一书。面对这位少年才子,冯沅君料定将来必有作为,遂萌发爱慕之心。

冯沅君除研讨中国古典文学外,在课余以浓厚的兴趣进行白话小说的创作。自大二(1923年秋)起,她陆续在上海创造社主办的《创造季刊》等期刊上，以"淦女士"为笔名，发表了《隔绝》《旅行》《隔绝之后》《慈母》等数篇小说。这些小说共同的主题是宣扬妇女解放，激励新时代的女性，要敢于跟封建礼教作斗争，挣脱羁绊，自由恋爱，创造幸福的生活。于是，淦女士的小说名声大振。陆侃如捧读这些作品，深有感触，一种爱的情愫悄然而生。

1925年，冯、陆双双毕业于北京大学。陆侃如旋即转入清华大学研究院，攻读硕士学位，而冯沅君则远赴南京金陵大学任教。其间，陆侃如因思念冯沅君，乃发电报曰"兔儿永在你笼中"，却被金陵警备局截获，认为是来自北平的联系"学潮"的暗语，于是寻访冯沅君，又派人到北京大学稽询陆侃如。陆坦率地说："沅君是我的女朋友，十二生肖我本属兔，我们说句开心话，难道违法不成？"警察只得尴尬而退。

1927年，冯沅君、陆侃如准备在北平订婚，不成想却遭到冯友兰的反对。冯友兰系冯沅君的长兄，他认为冯家系官宦书香人家，而陆家无非士绅出身，难以门当户对，几成僵局，后由胡适等谨劝说项，方得默许。是年秋，陆侃如毕业于清华大学研究院，旋赴上海中国公学大学部任中文系主任，并兼课暨南大学等校。同年，冯沅君也来到上海，分别在暨南大学和中国公学大学任教。

1929年新年过后，冯沅君与陆侃如在上海喜结连理，终成眷属。婚后，他们不像大部分夫妻那般生活在锅碗瓢盆、柴米油盐中，而是绿纱同读，诗书共赏。其间，冯、陆开始合著《中国诗史》，陆侃如负责魏晋南北朝以前部分，冯沅君则负责唐宋以后部分，1930年完成全部书稿。全书分上、中、下三卷，60万字，由大江书局出版。该书资料翔实，观点新颖，为中国第一部诗歌史，出版后在学术界引起广泛反响。

1932年，冯沅君与陆侃如到达巴黎，实现了他们多年留学法国的梦想。他们同时考入巴黎大学文学院，攻习三年后双双获得文学博士学位。留法归来后，陆侃如受聘燕京大学任教授并兼中文系主任，冯沅君则执教于河北女子师范学院。抗日战争爆发后，文人学者纷纷南归，但是冯沅君因身体不适正在北平住院，稍后由陆侃如陪同到沪，避居休养。第二年初，夫妇两人取道香港、越南等地，到达巴蜀大后方，至内迁的中山大学教书，遂后又到四川三台，担纲东北大学教席。1945年8月，抗日战争取得胜利。冯、陆跟随东北大学回迁沈阳。不久，内战爆发，他们转赴青岛，至山东大学从教。全国解放后，他们随山大由青岛迁往济南。两位均曾出任过山大副校长之职。在行政和教学之余，陆侃如笔耕不辍，除发表了大量学术论文如《左思练都考》《论王子逸及其子延寿》等，还与冯沅君合著了《南戏拾趣》，深受剧坛欢迎。

解放后，冯沅君、陆侃如共同在文学研究领域也有重大建树。1956年，他们重新修订了《中国诗史》，由作家出版社出版；1957年，他们分工合作完成了《中国古典文学简史》，由中国青年出版社出版，此书被译成英语、俄语等多种译本向国外发行；同年，他们以马克思主义观再次修润的《中国文学编》，亦由作家出版社再版。这对恩爱夫妻堪称中国文学史华苑中辛勤的园丁，迎来了丰硕的秋天。不料命途多舛，1957年7月，陆侃如被错划为"右派分子"。在校内一次批判会上，主持人点名要冯沅君发言，参与批斗，但沅君缄默不语，沉闷良久，只气愤地迸发出一句话："我大半生与'老虎'同寝共枕，竟无觉察，是得了神经麻痹症吧。"

1973年6月17日，冯沅君因患癌症与世长辞。陆侃如极度感伤，幽思难忘，遂挥笔写下了"红楼邂逅深如昨，白首同心一片丹"的诗句，垂念殷殷。1976年12月10日，陆侃如突发脑血栓病，生活渐难自理。即便如此，爱妻谢世四周年即1977年，他抱病写下了《忆沅君》的文章，刊发于《新文学史料》丛刊。1978年12月1日，陆侃如溘然长逝。

李健吾：清华园里的"戏剧社社长"

大师生平

李健吾（1906~1982），山西运城人，中国作家、戏剧家、文艺评论家、翻译家、法国文学研究专家。自幼随母亲漂泊异乡，父亲李鸣凤参加辛亥革命，被北洋军阀暗害。10岁起求学北京，1921年入国立北京师范大学附中，1925年考入清华大学中文系，后转入西洋文学系。1931年赴法国留学，1933年回国，任职于中华教育基金会编辑委员会。1935年任暨南大学教授。抗日战争期间，在上海从事进步戏剧运动。抗战胜利后，与郑振铎合编《文艺复兴》杂志，并参与筹建上海实验戏剧学校，任戏剧文学系主任。1954年起任北京大学文学研究所、中国科学院文学研究所、外国文学研究所研究员。还曾担任国务院学位委员会评议组成员、全国文联委员、中国外国文学学会理事、中国戏剧家协会理事、法国文学研究会名誉会长、北京市政协委员。

▶ 将门之子，历经磨难

提起李健吾这个名字，人们或许不会感到陌生，初中语文课本里的

Chapter 3 文坛翘楚逸闻杂记 第三章

优美散文《雨中登泰山》，正是出自李健吾之手。

李健吾出生在山西省运城县一个普通的农民家里，奔腾的黄河水绕过苍莽的中条山，裹挟着黄土高原的泥沙一路向东流去；放眼四望，远处一座座小山似的盐堆在太阳的照耀下熠熠闪光，那是当地盐湖里的特产；被烈日晒得黝黑的农民辛勤地在田里劳作着。

李健吾的成长与父亲李鸣凤的影响密不可分。李鸣凤年少时中过秀才，但他重武轻文，喜欢读兵书，在李健吾出生的这一年，父亲秘密加入了同盟会。1911年，辛亥革命爆发，李鸣凤率领起义大军向清军发动猛攻，一路攻城拔寨，战功显赫，并将杀害秋瑾的刽子手陈诗政处决。辛亥革命胜利以后，孙中山任命李鸣凤为第十九混成旅旅长。袁世凯篡夺革命果实后，他被袁以拥兵叛乱的罪名逮捕，押进北京陆军监狱，第二年才重获自由。李鸣凤出狱后，知道自己仍身处险境，便带着李健吾来到陕西农村部将史可轩家里，将李健吾托付给他。但陕西农村也并非安全之地，李鸣凤又托朋友把李健吾带到了津浦线上的良王庄车站。没过多久，袁世凯在全国人民的唾骂声中一命归天。李鸣凤被召回北京，在陆军部任职，并恢复了少将军衔，李健吾和家人终于得以团聚。但是，阎锡山将李鸣凤等革命党人视为眼中钉肉中刺，必欲除之而后快，灾难又重新降临这个家庭，阎锡山诬陷他是张勋同党，李鸣凤再次身陷囹圄。在朋友们的鼎力相助下，一年后，李鸣凤终于出狱了，但敌人最终没有放过他。不久李鸣凤便被阎锡山收买的陕西军阀陈树藩枪杀于西安郊区。父亲牺牲后，全家失去了支柱，也宣告了李健吾童年生活的结束。这一年，他只有13岁。

短暂的童年生活给李健吾的一生带来了巨大的影响，他继承了父亲及其战友们的爱国主义思想和以天下为己任的精神，对政治极其敏感，对腐败政权深恶痛绝。虽出身将门，李健吾却有别于那些纨绔子弟，颠沛流离的生活使他对下层社会的劳动人民有着深入的了解。

▶ 初涉艺坛

李鸣凤遇难后，李健吾一家生活困顿，难以维持生计，只好把冯玉祥等人凑的2000元存入银行，靠每月20元的利息艰难地维持着一家人的生活。由于房钱昂贵，他们搬进贫民区南下洼的解梁会馆，在那里一住就是10年。这期间，李健吾经常混入人群，到离南下洼不远的大游艺场去玩。里面的各种杂耍虽精彩动人，但最能打动他的是文明新戏。经人推荐，他参演了陈大悲的话剧《幽兰女士》，在其中扮演丫鬟珍儿的角色。李健吾的表演获得了观众的好评，一时名满京城剧坛，很多大学的剧团来邀请他担任角色。

1921年，李健吾以优异的成绩从师大附小毕业，考上师大附中。1922年，他和班上几个同学组织了文学社团"曦社"。他的第一个剧本《出门之前》就是在这个时候发表的。之后又陆续发表了独幕剧《工人》《翠子的将来》《母亲的梦》等。在中学期间，李健吾还积极参加各种政治活动。担任学生会主席期间，他邀请鲁迅来校讲演，并主持了讲演会。

▶ 清华戏剧社社长

1925年，李健吾考入清华大学中文系，成为清华大学部的首届学生。当时，国文系教授朱自清认为李健吾是可塑之才，就建议他转修西洋文学。于是，他转入西文系，并和朱自清结下了深厚的师生之谊。当时的清华西文系主任吴宓对李健吾更是厚爱有加，李健吾与钱钟书、曹禺称为"吴门三杰"。"三杰"中，钱钟书是"龙"，曹禺是"豹"，而"虎"则是李健吾了。

当年，清华西文系是清华文科中最大的一个系，也是国内最好的外文系，后来的吴组缃、钱钟书、曹禺、季羡林、许国璋都是从这里出来的。李

健吾进入西文系后,便开始兼修第二外语——法文,没想到,这个偶然的决定,竟成为他事业的转折点。由此,李健吾走上了法国文学的道路。

李健吾在清华读书、教书,前后有六年的时间。可是,他并没有像他的老师冯友兰、朱自清、闻一多、王力那样,有所谓的旧居,以致今人想要瞻仰和凭吊李健吾,都找不到一处故所。可是,李健吾的成绩却永远不会被清华所遗忘。在清华园,李健吾练就了一身真功夫。他既能创作,又能翻译,而且还写评论;不仅写小说,还写散文、诗歌、剧本;不仅编剧,而且演戏;甚至和老师朱自清合译作品,经他翻译的《包法利夫人》成为经典的范本。他还出任了清华戏剧社社长之职。他的到来,让沉寂已久的清华文坛重又中兴。

李健吾不仅是一位高产作家、翻译家,还是一位教育家。抗战期间,众人西撤,李健吾因家累、足疾而留在上海。其间在复旦大学兼课,并常到郑振铎家,因此结识了阿英等人。此间,他因编演《金小玉》而轰动上海,可是日本侵略者为此大为恼怒,李健吾因此被捕入狱并受刑,可是他始终不肯低头,可见其风骨。在此前后,李健吾还在上海创办了几个戏剧学校,亲任系主任,既当领导,又拿教鞭,同时还不忘手中的笔。

▶ 法兰西岁月

1930年,李健吾毕业后留校做了王文显的助教。当时,王文显是西文系的教授、系主任,与梁启超、王国维、陈寅恪、赵元任并称为清华五大特级教授。1931年,政治局势发生很大变化,在军阀混战中的阎锡山战败下野,李健吾得以将双亲归葬故里。当时任陕西省主席的杨虎城将军和山西省主席商震将军是他父亲的生前好友,李健吾前往拜访时,两位将军得知他意欲赴法留学,便资助了数千元学费,连同亲友的帮助，加上做助教节省下的数百元，勉强凑够了赴法的费用。这一年夏天，李健吾与赴英休假的朱自清及同学徐士瑚结伴离开北平，经沈阳、长春，到了哈尔滨，乘火车越过茫茫的西伯利亚，路过莫斯科、华沙和柏林，最后到达巴黎。

李健吾在巴黎学习了两年。刚开始时，他在一所法文学校专攻法语，以便克服以后学习中即将出现的语言障碍。之后，他到巴黎大学文学院听法国文学课，思想发生了变化，认为中国更需要现实主义，便以福楼拜为主要研究对象，展开学习活动，这为他以后撰写《福楼拜评传》和翻译福楼拜小说打下了坚实的基础。

"九一八"事变后，日本军队占领东北三省，中国军队不战而退，将大好河山拱手相让，李健吾感到极度悲愤和耻辱。早晨，他从报童手里接过报纸，避开行人的目光，缩在车上不引人注意的角落里，看着那些叫人难过的消息。晚上回到住处，房东太太好心的慰问也使他感觉如芒在背。夜深人静，他难以入睡。他先后写下了《中秋节》（原名《火线之外》）、《老王和他的同志们》寄回国内，并分别在《东方杂志》和《文学》上发表，表达了他的愤慨之情和抗敌之心。1933年夏天，两年的留学生活结束，李健吾离开巴黎，回到了阔别两年的祖国。

回国不久，李健吾与尤淑芬在北京结婚。1935年，他应上海暨南大学文学系主任郑振铎的邀请，到暨南大学执教，举家迁往上海。1937年7月，日军发动全面侵华战争。11月，日军占领上海。由于腿病和孩子的拖累，李健吾没有随暨南大学内迁，夹杂在6万多难民中涌进了法租界，并在中法研究所任研究员。太平洋战争爆发后，租界名存实亡。在险恶的环境下，李健吾创作并改编了大量剧作，并与黄佐林等人领导了上海的进步戏剧活动，成为当时的"剧坛盟主"。历经磨难，终于迎来抗战胜利。内战期间，李健吾在上海做了大量的戏剧教育工作，一直到全国解放。在这十几年的时间内，李健吾艺术创作成绩显著，集中体现了他的艺术风格。

钱钟书："钟情于书"的清华才子

大师生平

钱钟书（1910~1998），原名仰先，字哲良，后改名钟书，字默存，号槐聚，江苏无锡人，中国现代著名作家、文学研究家。1923年考入美国圣公会办的苏州桃坞中学。1929年考入清华大学外文系。1933~1935年，在上海光华大学任外文系讲师。1935年考取英国庚子赔款公费留学生，赴英国牛津大学埃克塞特学院英文系学习。1937年从牛津大学英文系毕业，获得副博士学位。同年，入法国巴黎大学进修。1938年，被清华大学破例聘为教授。1939年转赴国立蓝田师范学院任英文系主任。1941年，珍珠港事件爆发，被困上海，任教于震旦女子文理学校。1944~1946年写作《围城》。抗战结束后，任上海暨南大学外文系教授兼南京中央图书馆英文馆刊《书林季刊》编辑。1949年，回到清华大学任教。1949~1953年，任清华大学外文系教授，并负责外文研究所事宜。文化大革命爆发后，钱钟书受到冲击，并于1969年11月与妻子杨绛一道被派往河南"五七干校"。1972年3月回到北京。1979年参加中国社会科学院代表团赴美国访问。1982年起担任中国社科院副院长、院特邀顾问。1998年12月19日，因病在北京逝世，享年88岁。

狂放不羁,"横扫清华图书馆"

钱钟书,顾名思义,钟情于书。据说,钱钟书最初不叫这个名字,他出生那天,有人给他父亲送来一部《常州先哲丛书》,父亲就取"仰慕先哲"之义,替他命名仰先,字哲良。后来,钱钟书周岁抓周,抓了一本书,父亲便为他正式取名"钟书"。此后,钱钟书就与书结下了不解之缘。从初出茅庐时的"横扫清华图书馆",到后来学贯中西、博古通今,钱钟书一生嗜书如命。

钱钟书出生于诗书世家,自幼受传统经史教育,13岁进入美国圣公会办的苏州桃坞中学学习,接受西式教育。中西合璧的教育方式为他后来贯通中西、古今互见的治学方法打下了良好的基础。少年时代的钱钟书,锦心绣口,汪洋恣肆,而且从不愿说赞扬别人的话,经常批评、挖苦、调侃别人,说话既刻薄,又俏皮。不论是学友、师长、前辈,甚至自己的父亲都曾被他挑剔过。**钱钟书的架子很大,不愿拜访别人,更不拜访名人,他曾说:"即使司马迁、韩愈住隔壁,也恕不奉访!"**

1929年,19岁的钱钟书考入清华外文系,一时名震全校。当时,他的数学成绩只有15分,但他精深的国文造诣却无人能及,同学佩服得五体投地。到了清华园之后,钱钟书看清了许多学术名流的真面目,便更加狂傲起来。他甚至敢当面挑剔中文系主任朱自清和哲学系主任冯友兰的不足。有一次,青年教师赵万里为钱钟书与同学们讲版本目录学,讲到某本书时,赵万里自负地说:"不是吹牛,这书的版本只有我见过。"钱钟书听了,张口就说:"这个版本我见过好多次呢!"

钱钟书的狂傲不同于常人,他狂得直率、自然、可爱,在狂傲的背后,他还有更重要的一面,那就是谦虚谨慎。他从不以自己的才华沾沾自喜,尤其在学问上,对自己极为严格。他创作的《谈艺录》《管锥编》《围城》,可谓尽善尽美,但他并不引以为豪,并对《谈艺录》

"壮悔滋深"，对《围城》"不很满意"，对《宋诗选注》"实在很不满意，想付之一炬"，他对这些著作中的每个字句，每一条中、外引文都要认真查找核对，不厌其烦地修正、补订，逐渐完善。

据钱钟书的同学饶馀威回忆，在清华的一批同学中，钱钟书是最有影响力的一个。钱钟书的中英文造诣很深，又精于哲学及心理学，终日博览中西新旧书籍，立志"横扫清华图书馆"。最奇怪的是，他上课从不记笔记，只带一本和课堂无关的闲书，一面听讲，一面看自己的书，但是考试时总得第一。对此，同学们佩服不已，许多同学乐于向钱钟书请教学问，而钱钟书在对同学的一次次帮助中，也得以更加出色地展示他的才学。学生时代念的西洋文学，像"最甜美的诗歌就是那些诉说最忧伤的思想的"，"真正的诗歌只出于深切苦恼所炽燃着的人心"，"最美丽的诗歌就是最绝望的，有些不朽的篇章是纯粹的眼泪"等等，钱钟书张嘴就来。

钱钟书不仅喜欢读书，也鼓励别人读书。他还有一个怪癖，看书时喜欢用又黑又粗的铅笔画下名言佳句，并在书旁加上自己的评语，据说，清华大学藏书中的画线和评语大都出自钱钟书。

不过，也有一些同学对钱钟书的才学产生了妒忌，感觉很不服气。同班同学许振德就因为钱钟书夺去了班上的第一名而忿忿不平，很想凭自己"山东大汉"的力气揍钱钟书一顿出气。对此，钱钟书颇有对策。有一次上课，许振德的目光总盯在一个女同学身上，暗递秋波，钱钟书发现后，便提笔在笔记本上画上许多许振德向不同方向观看的眼神变化图，题名为"许眼变化图"，没等下课，即将此画递给其他同学，一时成为笑谈。后来，许振德偶然有个不能解决的问题，钱钟书帮助解决，二人才化干戈为玉帛，成为要好的朋友。许振德称赞钱钟书："图书馆借书之多，恐无能与钱兄相比者；课外用功之勤，恐亦乏其匹。"

"书虫"以诗抒怀，勉励同窗

钱钟书爱看书，吴组缃很佩服这位"书虫"。《围城》出版后，吴组缃看了更加佩服，给钱钟书许多"奖励"，并认为《围城》是一部杂文式的议论小说。1979年，钱钟书访问美国时说："吴组缃是一位相当谨严的作家，对于写作一事，始终觉得力不从心，所以自从《鸭嘴涝》出版后便搁笔了。"解放后，清华大学中文系请了吴组缃，西文系则请了钱钟书，他们又一起回到清华园。

钱钟书有个同学叫常风，两人同住一间宿舍。夜半时分，常风睡得又香又甜，鼾声大作，而钱钟书却常常失眠。看着常风熟睡的样子，钱钟书羡慕不已，便作了一首诗："帘帷瑟瑟风初起，鼻息微微梦正酣。良夜羡君能美睡，不眠滋味我深谙。中宵旧恨上心时，此恨故人圣得知。一事无成空抱负，百端难解是愁思。"

大学毕业后，钱钟书收到了常风从太原寄来的一封信，说自己很不得志，想自杀。钱钟书看后大吃一惊，很替常风担心。为此，他特意给常风寄去一首诗："**惯迟作答忽书来，怀抱奇愁郁莫开。赴死不甘心尚热，偷生无所念还灰。升沉未定休忧命，忧乐遍经足养才。埋骨难求干净土，且容蛰伏待风雷。**"后来，常风从消沉的情绪中走了出来。1935年初，他给钱钟书寄来一封信，钱钟书很高兴，仍旧复诗一首："朔雪燕云我亦思，输君先辨草堂资。何年灯烛光能共，满地江湖会少期。世态重轻凭得失，天心颠倒看成亏。哀情吉语真堪味，好梦无多说未痴。"

1930年11月4日，清华大学学生自治委员会执行委员会召开第4次会议，通过出版科职员名单，钱钟书与曹禺同被选为《清华周刊》编辑。据说，当时钱钟书与曹禺、颜毓蘅三人被比拟为北洋军阀中的"龙虎狗三杰"。"龙"就是钱钟书，相当于袁世凯手下的王士珍。不过，钱钟书似乎不喜欢这个雅谑，他曾在一封信中说："'龙虎狗'一节，是现

代神话。颜君（颜毓蘅）的英语很好，万君（曹禺）别擅才华，当时尚未露头角呢。"

口出狂言，谢绝挽留

1933年，钱钟书自清华毕业，当时清华研究院刚成立不久，老师们都希望他能留下来，继续读研究生课程，为研究院争光，但他未置可否。四年级临近毕业时，陈福田、吴宓等教授想挽留他，都去做他的工作。有一次，陈福田教授说："在清华，我们都希望钱钟书进研究院，继续研究英国文学，为我们新成立的西洋文学研究所增加几分光彩，可是他一口拒绝了。他对人家说：'整个清华没有一个教授有资格充当钱某人的导师。'这话未免有点过分了。"吴宓教授是个厚道、宽宏大量的人，对年轻的钱钟书颇为期许，对他的自负盛气也最能原谅。他对钱钟书拒绝进入清华研究院并没有什么不高兴，他说："学问和学位的修取是两回事。以钱钟书的才华，他根本不需要硕士学位。当然，他还年轻，瞧不起清华大学的现有西洋文学教授也未尝不可。"后来钱钟书说："20岁不狂是没有前途的，30岁以后还狂是没有头脑的。"他们的话相互验证了。

清华大学最终未能留住年轻的钱钟书，钱钟书回到了上海，到光华大学任教。他父亲钱基博当时在上海光华大学任中文系主任，身体欠佳，召他赴上海，这是钱钟书南返的一个重要原因。另一方面，钱钟书已有足够的治学能力，他的知识大都源于自学，他不愿再听课了。也许还有一个未能对别人说明的原因，即他的目的是2年后出国留学。当时清华其他专业都可以出国留学，唯独外文专业不能，而且规定，大学毕业生必须要有两年以上的服务年限才能出国留学。

用麻袋装笔记,用被子捂蛋糕

50年代,钱钟书已经是名震遐迩的大学者,据在文学研究所工作的一些同志回忆,每次他们进入线装书库,都会撞见他。他拿着铅笔和笔记本,不断地翻检书籍,不断地抄录、作笔记,常常忘记时间。有时,他会在那里向青年人介绍各类古籍,告诉他们这些书的插架所在,如数家珍。文学研究所图书馆馆藏线装书十分丰富,许多线装书的借阅卡上只有钱钟书一个人的名字。图书室当年收藏了许多好书,特别是珍贵的外文书,其中不少就是他帮助订购或搜寻来的。据说他精读的每一部书都反复批点,有的连两头和页边都写满了,再也找不到一点空地方。他的夫人杨绛曾在一篇文章中回忆说,钱钟书撰著《管锥编》时,她为他整理、检点笔记本,整整费了两天工夫,装了几大麻袋,由此可见其治学态度非同一般。

1994年10月30日,是夏衍先生的生日。当时钱钟书和他一样,都因病住院。夏衍便让女儿给钱钟书送去一块蛋糕,钱钟书胃口大开,兴致勃勃地坐在病床上吃蛋糕。这时,一名摄影记者悄悄溜进病房,跪姿偷拍。刚开始钱钟书背对记者,没有理会,吃得津津有味,记者见状大胆起来,转到钱钟书的正面拍摄。钱钟书措手不及,为了保护尊容,只得撩起被子,连头带蛋糕一起捂进去,全然不管奶油弄得满被子,惹得周围的人哈哈大笑。

曹禺：誉满清华的"小宝贝儿"

大师生平

曹禺（1910～1996），原名万家宝，字小石，祖籍湖北潜江，生于天津一个没落的封建官僚家庭，中国现代杰出的戏剧家。在天津南开中学学习期间，曾担任易卜生《玩偶之家》等剧的主角。1930年考入清华大学外文系，广泛钻研从古希腊悲剧到莎士比亚戏剧及契诃夫、易卜生、奥尼尔的剧作。1933年创作了四幕话剧《雷雨》，于次年公开发表。1934年9月，应邀去天津在河北女子师范学院任教。1936年5月，在巴金等人的鼓励和催促下，开始创作《日出》。1938年初，随剧校迁往重庆。1939年春，随校迁往江安。1946年，接到美国国务院邀请，经上海赴美讲学，1947年返回上海，后进入上海文华影业公司任编导，写成电影剧本《艳阳天》。1952年6月，北京人民艺术剧院（专演话剧的国家剧院）成立，任院长。1956年4月加入中国共产党。1978年再次任"北京人民艺术剧院"院长。1996年12月13日逝世，享年86岁。

立下"军令状",戏称"小宝贝儿"

1930年,正在南开念书的曹禺突然作了一个重大的决定:离开南开,报考清华大学的西洋文学系。当时,曹禺在南开已经小有名气,南开的演剧活动也离不开他,因此,学校起初并不想放他走。但是他去意已决,他觉得南开比较保守,而清华的演剧传统正是他所向往的,这次报考清华,曹禺是立了"军令状"的,南开提的条件是,考不上清华,也不准许再回南开。即使这样,也没有动摇他的信念,反而促使他背水一战。

一放暑期,曹禺就和同学孙毓棠到北京准备考试。他们住在孙毓棠的外祖父家里,宅子虽然破旧,但很清静,是个念书的好地方。考试很顺利,他和孙毓棠双双被录取。曹禺作为西洋文学系二年级插班生被录取,孙毓棠则进了历史系,另外还有六名南开同学也都被录取了。这对曹禺来说,有一种难以名状的喜悦,他终于摆脱了早已厌倦的政治经济之类的课程。对他这个热爱文学、热爱戏剧的青年来说,西洋文学系当然富于诱惑力。他的愿望实现了,怎能不高兴呢!

对于曹禺来说,清华的确是美丽的"世外桃源",和南开比起来,处处都显得新鲜动人。校园清静幽雅,小桥流水,绿树成荫。在绿荫中露出矗立于土丘上的白色气象台,背衬着蔚蓝色的天空,还有天空中悠悠的朵朵白云。这里既有被吴宓教授考证为《红楼梦》中怡红院的古月堂,又有为朱自清教授所欣赏流连的"荷塘月色",巍然屹立的大礼堂门前,是一片绿茵茵的草坪,和通体红色的礼堂相映成趣,可谓"怡红快绿"了。体育馆的围墙上布满生机盎然的爬山虎,图书馆掩映在碧绿的丛林之中,还有工字厅、科学馆、同工部……一座座现代建筑,都诱发着人们强烈的攻读愿望。清华给曹禺带来无尽的美丽遐想。

曹禺一进清华,同学们就奔走相告:"从南开来了一个能演剧的万

家宝。"1930年冬天,阔别戏剧舞台的曹禺又开始排戏了,不过这次他不只是当演员,还要担任导演,剧目是易卜生的《娜拉》,由他扮演娜拉,第二年春天在清华大礼堂公演。据李健吾回忆:"这次曹禺扮演娜拉,可能是中国话剧史上最后一次男扮女角了。"从此,同学们都亲昵地称他为"小宝贝儿"。

"世外桃源"的寂静与躁动

进入清华后,曹禺满以为,西洋文学系的课程定会比南开的政治经济课程更有趣,更有吸引力,但他的希望却部分地落空了。他早就知道西洋文学系主任王文显教授,据说王先生对戏剧很有研究,专门教授戏剧,他对教授抱着满腔希望。但是,曹禺去听王文显的《戏剧概论》《莎士比亚》和《近代戏剧》时,才发现王先生讲课的办法很简单,就是按照他编的讲稿在课堂上读,照本宣科。高年级同学说,他每年都是这样照本宣读,不增也不减,这使曹禺感到太枯燥。另外,他认为吴宓教授为人很怪,教的是西洋文学,讲19世纪浪漫诗人的诗,却专门写文言文,一身老古董气息。虽然在课堂上也不无收获,但曹禺似乎感到光靠听课是不行了,必须自己去找老师,那就是书籍。清华有一种很好的风气,每个教授上课都指定许多参考书,就放在图书馆阅览室的书架上,任学生自己去读。像王文显的戏剧课,就指定学生去阅读欧美的戏剧名著。曹禺得感谢王先生,因为那时学校每年都有一大笔钱买书,王先生是系主任,又是教戏剧的,他每年都要校方买不少戏剧书籍。从西洋戏剧理论到剧场艺术,从外国古代戏剧到近代戏剧作品,清华图书馆收藏得很多。正是这些戏剧藏书,为曹禺打开了一个广阔的戏剧天地。于是,图书馆的阅览室成为曹禺最如意的所在。宽敞明亮的大厅里鸦雀无声，每当坐下来，打开书本，他就像进入了一个丰富多彩的世界。他沉迷在这世界里，忘记了一切，有时连吃饭都忘记了。他整天泡在图书馆里，如饥似渴地吞吸着知识的营养。

  其实，清华并非绝对是世外桃源，各种政治斗争充斥其中。曹禺在清华的生活交织着宁静和躁动。宁静时，也有着起伏的思想探索，常常掀起情感的波涛；不宁静时，就更是思绪万千了。他那浪漫的憧憬，总被激荡的现实所冲击，民族的灾难打破了他的迷梦，使他变得躁动不安。1933年上半年，曹禺即将毕业，外界不断传来令人焦虑的消息：1月，日本侵略军占领山海关；2月，日军占领朝阳，大举进攻热河；3月，热河省主席汤玉麟弃城南逃，日寇不战而轻取承德。紧接着便进占古北口等地，战火已烧到北平的大门口了。就在这时，传来了二十九路军在喜峰口还击进犯的日本侵略军的消息。这胜利的消息，使得清华园又沸腾起来，同学们组织慰问团前往古北口慰问抗敌将士，曹禺也加入到慰问团中去。在古北口，他亲自看到士兵们同仇敌忾英勇抗敌的高昂士气。这些经历和所见所闻都对曹禺的戏剧创作产生了重要影响。

第四章

史哲泰斗绝世风骨

清华传奇

冯友兰：不是"照着讲"，而是"接着讲"

大师生平

冯友兰（1895~1990），字芝生，河南南阳唐河人，中国当代著名哲学家、哲学史家、教育家。1915年考入北京大学哲学门学习中国哲学。1919年赴美留学，在美国哥伦比亚大学学习西方哲学，1923年获得博士学位。回国后，历任广东大学、燕京大学、清华大学教授，同时兼任文学院院长兼哲学系主任。抗战期间，任西南联大哲学系教授兼文学院院长。1946年赴美任客座教授。曾先后获得美国普林斯顿大学、印度德里大学、美国哥伦比亚大学名誉文学博士。1952年后，一直为北京大学哲学系教授。

▶ 受优等教育的公子哥

1895年12月4日，冯友兰出生在河南省唐河县祁仪镇的一个诗礼人家。父亲冯台异是清光绪年间进士，家境殷富。在7岁的时候，冯友兰开始拜读四书五经，接受传统文化的熏陶。尽管不知所云，冯友兰还是从头至尾，反复吟诵。1904年，父亲被调往南昌任职，冯友兰随同父

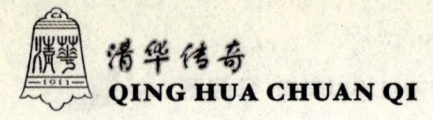

母合家迁往南昌。由于父亲公务非常繁忙，所以，粗识文字的母亲只能督促冯友兰加强记忆。就这样，勉强读完了《书经》《易经》和《左传》。三年后，冯友兰对知识的渴望越来越强烈，背诵记忆远远不能满足他的需求，冯家只好专门聘请了教师来负责冯友兰的教育问题。这时候，主要学习的是古文、算术、写字、作文等功课。

在冯友兰12岁的时候，父亲染病去世，母亲带着他回到了老家河南。冯友兰在继续接受特聘老师教育的同时，接触了一些带有民主色彩的书籍。两年后，在母亲的安排下，冯友兰进了县立高等小学学习。毕业期满后又以优异的成绩考入开封中州公学。1912年，冯友兰入上海中国公学的大学预科班学习。其间接触了《逻辑学纲要》，由此引发了冯友兰对逻辑学的兴趣。

▶ 忧国忧民的新青年

1915年9月，冯友兰完成了大学预科班的学习，正式考入北京大学哲学门（1919年更名为哲学系），开始接受系统的哲学教育。当时新文化运动正在如火如荼地进行中，冯友兰的思想受到了一次彻底的洗礼。在他即将毕业的那年，胡适和梁漱溟二人先后来到北大任教，于是在北大展开了一场中西方文化的大辩论，冯友兰也参加了，获益匪浅。这对他以后哲学研究有很深的影响。

经过三年的学习，1918年，冯友兰从北大毕业后回到了开封，在河南留学欧美预备学校任教。没过多久，"五四"运动爆发，并迅速波及全国。冯友兰虽然离开了北京，没有亲身参加，但是他随后给予了积极的响应。他和几位好朋友立即筹资创办了《心声》，当时，《心声》是河南省唯一一个宣传新文化运动的刊物。

和当时很多知识分子一样,冯友兰也在积极地探索:中国文化的出路究竟在何方?1919年,冯友兰带着对这些问题的思考赴美留学,在哥伦比亚大学攻读硕士学位。他的导师是新实在论者孟大格和实用主义大师杜威。同时,他对柏格森的生命哲学产生了兴趣,并专门写了两篇文章向国内思想界介绍。他觉得中国传统的思想注重"人是什么",也就是人的品行和修养,而对人"有什么",也就是知识和权利没有过多的重视,导致中国没有近代科学的落后局面。

在美国留学期间,冯友兰有幸拜访了在美国讲学的印度大学者泰戈尔,共同探讨了中西方文化的若干问题,并将谈话记录整理成《与印度泰戈尔谈话》,发表在国内期刊《新潮》上,引起了国内学术界的关注。

▶ 在探索中不断前进

1923年,冯友兰获得哥伦比亚大学哲学博士学位之后,回到了祖国。一开始在开封任中州大学哲学教授,兼任文学院院长。两年后,冯友兰来到广东大学担任教授。次年回到北京在燕京大学任教,主要讲授中国哲学史,同时还给一所美国人办的华语学校讲授《庄子》。1928年,冯友兰来到清华大学讲授中国哲学史,兼任哲学系主任,后来兼任清华大学校务委员会秘书长和文学院院长。其间,冯友兰于1934年出席了在布拉格召开的"国际哲学会议",并做了专题发言。之后,他申请访问苏联并获得了批准。

对于访问苏联,冯友兰在晚年的回忆中这样说:"关于苏联革命后的社会,有人说它是天国乐园,有人说是人间地狱。我之所以想要去访问,就是想看个究竟。"

从苏联访问回来后,冯友兰做了两次演讲,一次主要谈在苏联的见闻，另外一次是集中论述了"社会存在决定社会意识"的观点。出人意料的是这次讲演竟然引起了国民党当局的怀疑与不满，次年10月，冯友兰被当局以政治犯的罪名逮捕。后来迫于全国民众的压力，当局不得不释放了冯友兰。鲁迅先生曾愤然说："安分守己如冯友兰，且要被逮，可以推知其他了。"尽管这次事件给了冯友兰很大的震撼，但是他并没有因此放弃自己的学术观点。

在学术上不断闪光

1937年，抗日战争全面爆发，冯友兰随校南迁，担任联合大学哲学系教授，兼任文学院院长。虽然处于战争的大后方，但是冯友兰心系国事，常常为战争的得失忧心如焚。尽管如此，冯友兰压制住内心的狂躁，一边倾心于教学，一边著书立说。从1939年起到抗日战争结束，他先后出版了《新理学》《新事论》《新世训》《新原人》《新原道》和《新知言》。这六本书构成了冯友兰"新理学"哲学思想体系，被后人称作"贞元六书"。这些书充分展现了冯友兰的宏大抱负和深切愿望。

抗战胜利后，清华大学迁回了北京。回到北京后不久，冯友兰接到美国宾夕法尼亚大学的邀请，前往美国讲学，主要讲授中国哲学史。同时，他将讲稿整理成《中国哲学简史》在美国出版。随着解放战争的节节胜利，冯友兰对新中国的成立充满期望，于是婉言谢绝了亲朋好友的挽留，回到了祖国。

解放后走过的路

1948年秋天,冯友兰回国了。回来没多久,当选为南京中央研究院院士,并兼任院士会议评议会委员。次年,他辞去了各种职务,一心一意地做教授,讲授哲学。1952年,院校调整的时候,他被调到北京大学哲学系担任教授,同时当选为中国科学院哲学研究所中国哲学史组组长、中国科学院哲学社会科学部常务委员。其间,冯友兰逐步接受了马克思主义哲学,并以此为向导撰写了《中国哲学史新编》。

但是早在1950年的时候,冯友兰的学术理论就遭到哲学界的批判。在后来的各种动荡中,冯友兰都首当其冲,受到了批判和打击。他的理论被当成唯心主义的代表受到了批判,他本人也被当成反动学者的代表饱受摧残。

直到1972年,中美关系开始缓和之后,冯友兰才过上了正常的生活。值得一提的是,在冯友兰垂暮之年,依然笔耕不辍,完成了七卷本的《中国哲学史新编》。

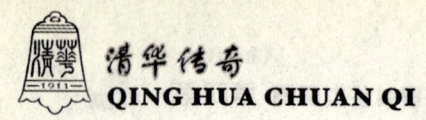

金岳霖：不问政治的"哲学动物"

大师生平

金岳霖（1895~1984），字龙荪，浙江诸暨人，生于湖南长沙。中国现代哲学家、逻辑学家。16岁时考入清华学堂，毕业后获得官费留学，在美国宾夕法尼亚大学和哥伦比亚大学学习政治学，获哥伦比亚大学政治学博士。之后在英、德、法等国留学和从事研究工作。1926年回国后，在清华创办清华哲学系并担任教授。后来兼任了西南联大哲学系教授、北京大学哲学系教授和系主任。1955年起，担任了中国科学院哲学研究所一级研究员和副所长、哲学社会科学部学部委员等职务。主要从事哲学和逻辑学的研究和教学工作。主要成就在于将西方现代逻辑介绍到中国来，把西方哲学与中国哲学相结合，建立了独特的哲学体系。著作主要有《论道》《逻辑》和《知识论》。现设立有金岳霖学术基金会。

▶ 喜欢对联的天才

1895年，金岳霖出生在湖南省长沙市一个洋务官僚家庭。父亲是清朝末期的官僚，曾在湖南当官，由于积极支持洋务，被调到黑龙江省穆

河金矿当总办,后来被俄军抓到俄国的圣彼得堡,被放回后一直在长沙生活。由于家庭的影响,金岳霖从小就熟读四书五经,尤其喜欢对联。在他晚年写的回忆录中,金岳霖对小时候跟随长兄作对联的情景记忆犹新。从童年时期开始,金岳霖就显示出非常敏锐的逻辑思维能力。在他十多岁的时候,就发现古谚语"金钱如粪土,朋友值千金"有问题,他觉得这句话应该反过来念,"朋友值千金"是前提,"金钱如粪土"才是结果。他还发现二郎庙碑文中传为美谈的孔融小时候的对话有严重的逻辑错误等等。

1906年,11岁的金岳霖被送往教会办的长沙雅礼学校念书。毕业后,考入清华学堂开始了对知识的系统学习,经过了3年的刻苦学习之后,1914年毕业,毕业时获得了官费留学。和大多数清华学堂的留学生一样,金岳霖留学的地方是美国。起初,金岳霖在美国宾夕法尼亚大学主修商科,后来发现自己对商业没有一点儿兴趣,随后转学了政治学。1917年,本科毕业之后,金岳霖考入哥伦比亚大学读研究生,主要攻读政治思想史。这期间,在学习中接触了格林的思想之后,金岳霖开始对哲学产生了浓厚的兴趣。在获得了哥伦比亚大学政治学博士之后,金岳霖前往英国学习,在伦敦大学经济学院听课。金岳霖后来回忆说,真正促使他放弃政治学的,不是格林的哲学,而是休谟的哲学。

▶ 与逻辑学结缘始末

在放弃了自己所学的政治学专业之后,金岳霖在英、德、法等国留学和从事研究工作。在法国的时候,发生了一件事情,让金岳霖开始对逻辑学产生了兴趣。那天傍晚,他和张奚若、秦丽莲在巴黎圣米歇尔大街散步,突然前面不远处有几个人不知为什么吵了起来。出于好奇,他

们三人也走过去想看个究竟，结果稀里糊涂地参与到其中，和对方争论起来。回来后，金岳霖越想越可笑，可笑之余，争论中的逻辑引起了金岳霖的沉思。从那时起，金岳霖开始阅读逻辑学的书籍，并展开了一些边缘性的研究。在他的哲学研究中，逻辑学的很多知识和方法起了很大的帮助作用。

1926年，金岳霖在海外度过了12年留学和研究的生活之后，回到了中国。回国后在清华大学任教，主要教授西方政治思想史的课程。当时清华大学开设了国学研究所，聘请了一大批教授执教。其中开设了逻辑学专业，由著名逻辑学家赵元任任教。没过多久，赵元任放弃了教逻辑学，于是清华大学找到金岳霖，让他来接替赵元任，教授逻辑学。当时的金岳霖对逻辑学也只懂个皮毛，有点畏惧，但是在再无人选的前提下，金岳霖只好硬着头皮接受了这个安排。他一边研究一边教学。金岳霖承认，当时他并没有真正了解什么是"逻辑"。1931年，金岳霖到美国进修，他利用这个机会到哈佛大学著名逻辑学大师谢非先生那里系统地学习了逻辑学。有了系统的逻辑学知识，金岳霖的哲学研究进一步向分析哲学靠近。

不问政治的系主任

1926年秋天，在金岳霖的积极倡导和努力下，清华大学开设了哲学系。当时只有金岳霖一个人，所以他既担任着哲学系的教授，还兼任着系主任。

有趣的是，金岳霖创办的哲学系在第一年招收中只招来了一个学生。就这样，一个教授，一个学生，号称"一个系"。金岳霖先后把冯友兰等一批学者请到清华哲学系，哲学系的学生才一天比一天多了起

来。在金岳霖的带领下,清华哲学系不断发展壮大。用著名学者汪子嵩的话说:"一直到1952年,清华哲学系的学生都是金先生的学生,或是学生的学生。"

金岳霖授课时,常把学生也看作学者,以学者对学者的态度研究问题。汪子嵩在回忆中说:"讲到得意兴奋时,金先生会突然站起来,在黑板上写几个字,或者向我们提个问题,师生共同讨论起来。"清华重视哲学问题和逻辑,所以讨论和辩论盛行,那时的逻辑组是学术辩论最热烈的地方。

30年代,金岳霖的住宅被熟人戏称为"湖南饭店",在他周围集结起一批不谈政治的知识分子,每逢星期六,他们常在"湖南饭店"聚会,日常题目不外是吟诗、作对联和品画。

真正的真理是通过长久思考的,而不能瞬间推动历史大潮。金岳霖早年追求的就是这些,这一点对他的学生影响很大,很多人之所以在学术上有所建树,就是受金岳霖不问政治的影响。

▶ 风趣古怪的老顽童

说起哲学家,很多人会觉得高深莫测,清高不容易接近,而金岳霖却是个很风趣的人。有一次,他打电话找陶孟和,陶家人接电话后问:"您是哪位?"金岳霖瞠目结舌,半天说不出来,但是又不好意思承认忘记了,于是说:"你不要管我是谁,请陶孟和先生接电话就行了。"但是对方不答应,金岳霖好话说了一大堆,可是没有起一点作用。没办法,金岳霖只好跑出去问给他拉洋车的车夫,车夫也不知道。这一下可急坏了金岳霖,他着急地问车夫:"那你听别人怎么称呼呢?"车夫这才想起来:"我听别人叫你金博士。"金岳霖如获至宝,连蹦带跳地走了。

金岳霖养了一只很大的斗鸡。他经常把斗鸡带在身边，连吃饭的时候也不例外，以至于斗鸡能把脖子伸上来，和金先生一个桌子上吃饭。金岳霖平时很少有闲暇的时候，他总是到处搜罗大梨、大石榴，拿去和别的孩子比赛，要是比输了，就把梨或石榴送给小朋友，然后再去买。据清华大学思想文化研究所教授羊涤生回忆："金岳霖家里有个专门给他做饭的老王。老王没事的时候，经常被金岳霖叫去抓蛐蛐。金岳霖喜欢蟋蟀，斗蛐蛐，家里的蛐蛐罐一大箩。

某日，金岳霖打电话给杨步伟，以异常沉重而急切的语气说是有要紧的事，请杨进城来帮忙。杨问什么事，金不肯说，只是说非请你来一趟不可，越快越好，事办好了请吃烤鸭。杨步伟是医生，以为是其女友秦丽莲怀孕了，说犯法的事情我可不能做。金回答说，大约不犯法吧。杨步伟和赵元任将信将疑地进了城。到金家时，秦来开门，杨步伟还一个劲儿地盯着她的肚子看。进门以后，杨才知道不是人出了事而是鸡出了事。金养了一只鸡，三天了，一个蛋都生不下来。杨步伟听了，又好气，又好笑。把鸡抓来一看，原来金经常给它喂鱼肝油，以至鸡体重达十八磅，并且因此"难产"。鸡下蛋时，下到一半就出不来了，急得金博士团团转。杨步伟二话不说，一掏就出来了。金一见，赞叹不已。事后，为表庆贺，母鸡的主人特地请他们到烤鸭店吃了烤鸭。

有一次，金岳霖被拉去给文学爱好者讲课，题目是《小说和哲学》。大家以为金先生一定会讲出一番道理，谁知金先生讲了半天，得出的结论却是，小说和哲学没有关系。讲着讲着，忽然停下来说："对不起，我这里有个小动物。"说着把右手伸进后脖颈，捉出了一个跳蚤，捏在手指里看看，非常得意。

金岳霖走路的样子很有派头，也很特别。他的学生曾经这样描述："他有时候西服革履，执手杖，戴墨镜；有时在西装外面套个中式长袍，戴个老八路的棉军帽……"

金岳霖眼睛不好,怕光,所以在室内他也戴个遮阳帽,眼镜镜片一个黑,一个白。每当给新生上课的时候,他的第一句话总是:"我的眼睛有毛病,不能摘帽子,并不是对你们不尊重,请原谅。"

解放前,在金岳霖的眼里,马克思主义哲学根本算不了哲学,不屑一顾。但是当中国解放之后,金岳霖突然对马克思主义哲学产生了浓厚的兴趣,不但带头学起了马克思主义哲学,而且还全盘否定了自己的哲学理论。

情系才女林徽因

1931年,林徽因在北平修养,当时他的丈夫梁思成在东北大学执教。徐志摩是梁思成夫妇的好朋友,所以经常去探望林徽因。为了避嫌,他叫上好友金岳霖。金岳霖对林徽因的谈吐才华,十分欣赏。

徐志摩早早地离开了人世,金岳霖住到了梁家的后院里。在对好朋友的思念和哀悼中,二人彼此安慰,并成为对方的精神依靠。当时林徽因怀有身孕,丈夫不能在身边照顾,而金岳霖对林徽因照顾有加。林徽因渐渐对金岳霖萌生了一种特殊的感情。

后来,梁思成从外地回来,林徽因哭着告诉丈夫,她非常痛苦,因为同时爱上了两个人。得知这个情况后,梁思成也非常痛苦,经过激烈的思想斗争后,他对妻子说:"你是自由的,如果你选择了金岳霖,我祝福你们。"

当林徽因把这一切告诉金岳霖之后,金岳霖说:"看来,梁思成是真心爱你的,我不能伤害一个真心爱你的人。"金岳霖自动退出,终身未娶。他爱林徽因,也爱着林徽因的全家,他后半辈子几乎一直和梁家人住

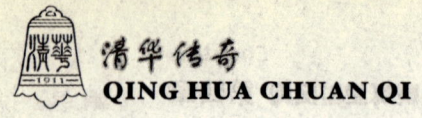

在一起。

后来，由于战乱，金岳霖和梁家人一度失散了。金岳霖失魂落魄，重逢后他们再也没有分开过。林徽因得了重病，卧床不起，而金岳霖每天下午都要去看望她，直到林徽因去世为止。

有一次，金岳霖在北京饭店请客，朋友们到了才知道，原来那天正好是林徽因的生日。金岳霖去世之后，和林徽因葬在同一处公墓。

Chapter 4 第四章

李 济:"考古先要有人品"

大师生平

李济(1896~1979),字济之,湖北钟祥人,著名人类学家、现代考古学家、中国考古学之父。早年考入留美预科学校清华学堂,后来获得公费留学,在麻州克拉克大学攻读心理学,并于入学的第二年转入哈佛大学改修人口学。获得硕士学位之后,继续深造最终获得了哲学博士学位。1922年,李济返回祖国,在南开大学任教,主要教授人类学和社会学。1925年,回到了清华大学,在国学研究院任人类学导师,与著名的四大导师(梁启超、王国维、陈寅恪、赵元任)同执教鞭。

清华的备考生

1896年6月2日,李济出生于湖北省钟祥县双眼井一个教书先生的家里。他父亲是全县有名的大秀才,学问很深。李济从小受的启蒙教育并不是"人之初、性本善",而是远古的神话历史。后来,在李济11岁那年,父亲在最后一次科考中获得了一个七品小京官的职衔,于是举家迁入北京。

1911年，用庚子赔款的部分退款开办的留美预备学校清华学堂开始招生，当时报考的学生有1000多人，李济也参加了考试，被录取为后备考生。也就是说如果考生没有取足，就会在后备考生中接着挑选，幸运的是李济最终被录取了。就在这一年，李济正式开始了在清华学堂的学习。在校期间，李济与同学们组织了清华大学历史上第一个学生团体"新少年会"，后来改称"仁友会"。在毕业的前一年，美国华尔考博士在清华讲授心理学和伦理学，并且第一次在中国学生中作了智商测验。从那以后，李济对心理学产生了浓厚的兴趣。1918年2月，毕业后的李济从上海码头乘坐"南京号"远洋轮赴美留学。

▶ 主修人类学的哲学博士

到达美国后，一开始李济攻读的是美国克拉克大学心理学系。当时克拉克大学提倡学生自由阅读，在阅读学习中，李济被刚刚在美国兴起的人类学深深地吸引，在征求了克拉克大学校长的同意之后，李济转到了哈佛大学改学人类学。

得知李济改学了人类学之后，同去美国求学的徐志摩非常赞成，他认为李济是适合做学问的人，他这样评价李济："刚毅木讷，强力努行，凡学者所需之品德，兄皆有之。"

李济是哈佛人类学研究院里唯一的一个外国留学生。在取得了硕士学位之后，继而攻读哲学博士。暑假期间，有一个讲授体质人类学的讲师，将一箱子还没有开启的埃及人的头骨交给李济清洗保管，这让李济对如何处理人头骨有了亲身体会。

1922年，在美国举行的人类学大会上，李济做了专题报告，主题是《中国的若干人类学问题》，在报告中他提出要从考古学、民族等方

面考察研究中国人类史和上古史。同年，著名的哲学家罗素在他的著作《中国问题》中大量引用了李济论文的资料，这使李济顿时名声大噪。次年5月，他的博士论文《中国民族的形成》顺利通过答辩，获得了哲学博士学位。

得知李济取得博士学位之后，他的父亲一时之间不知如何衡量，只觉得自己是博士的父亲，便自称为"博父"。朋友们得知这个消息后也半开玩笑地称呼李济的父亲为"李博父老先生"。

机缘巧合与考古结缘

取得哲学博士之后，李济远涉重洋回到了祖国。回国后即刻受到南开大学校长张伯苓聘请，教授社会学与人类学。期间，经人介绍，李济结识了仰慕已久的著名地质学家丁文江。丁文江非常欣赏李济的才学，把他举荐给了地质学界、古生物学界有一定建树的国内外专家。

就在这一年，河南新郑的老百姓挖出了古墓。丁文江得知后，积极鼓励李济考古，并为他凑了200元经费。尽管这次考古并没有取得多少成就，但是对于李济来说，毕竟是迈出了第一步。之后，美国、法国、瑞典等国的考古队和学术团体闻讯后，纷纷前来中国探索寻宝。

此间，美国史密森研究院弗利尔艺术馆也组织了一个考古队，其中有一位委员名叫毕士博，得知李济荣获哈佛大学人类学博士，来信邀请他参加他们的考古队，一同考古研究。当时，李济举棋不定，左右为难，于是把这件事告诉了丁文江。获得了丁文江的支持后，李济开出了两个条件：必须与中国的学术团体合作，文物必须留在中国。在获得了对方的答应之后，毕士博代表弗利尔艺术馆和清华大学达成合作，考古主要由李济领导，经费由弗利尔艺术馆出，报告中英文各一份，文物暂由清华大学保管。

就在这一年,清华大学成立了国学研究院,李济被聘为特约讲师,讲授普通人类学、人体测量学、古器物学和考古学,与王国维、梁启超、陈寅恪、赵元任等四大教授一起工作。据说当时四大教授的月薪是400大洋,而李济已经从弗利尔艺术馆领取300个大洋的工资,为了和其他人平等,他在清华只领取100大洋。

▶ 光芒四射的年代

李济真正的考古发掘始于1926年春天。当时,李济与地质学家袁复礼在山西汾河流域进行了一次彻底的调查,在西阴村意外地发现了一片布满史前陶片的地方,随即将这个地方确定为第一次挖掘现场。这年秋天,考古队进行了大规模的发掘,采集了很多陶片,其中最大的收获便是得到了一个半割的蚕茧。

三年后,李济加入了中央研究院历史语言研究所,担任考古组的主任。事实上,这也是丁文江举荐的。在这一年殷墟的第二次发掘开始后,李济全权指挥了整个发掘过程。年底,在对殷墟的第三次发掘过程中,发现了著名的"大龟四版",龟版上刻满了殷商时代的占卜文字。这一发现引起了界内巨大的轰动。

1931年,在当时的首都南京开了一个殷墟遗址发掘成绩展览会,会上李济作了深刻的报告。当时参加展览会的有蒋氏夫妇与国民政府五院院长,包括戴季陶、孙科、居正等要人,由此可见展览会的重要程度。

由于之前殷墟发掘一直是与美国弗利尔艺术馆合作,后来中央研究院历史语言研究所与美国的关系紧张起来。从1930年开始,李济与弗利尔的合作关系彻底终止,资金基本上是由中华教育基金会提供。

Chapter 4
史哲泰斗绝世风骨 第四章

1935年，殷墟的发掘到了关键的时候，预计要开挖4座大墓、400余座小墓。当时的发掘预算比原计划多出了5～10倍。如果资金不足，整个发掘工作将会以失败告终。李济将预算报告提交给了中央研究院总干事的丁文江，最终获得了批复。这次发掘出土的文物非常多，包括牛鼎、鹿鼎、石磬、玉器、石器等。殷墟的发掘一直持续到抗战爆发。这期间是李济光芒四射的年代。

▶ 与国宝一起流亡的日子

1937年，对殷墟第15次发掘刚完工后18天，震惊中外的"卢沟桥事变"爆发了。为了保护国家的文物，中央研究院历史语言研究所和中央博物院筹备处准备南迁，具体由李济负责。1132箱子文物文献在李济的保护下运到了长沙，由于日本飞机不断地轰炸，短暂停留了三个月之后，再次西迁到昆明。在长沙停留的三个月之内，研究所好几个年轻人打算投笔从戎，投身到民族救亡中去。这年冬天，李济在长沙的小酒馆里送走了热血沸腾的年轻人。

后来，李济带着大量的文物从桂林经越南辗转到了昆明。令李济感到欣慰的是吴金鼎、曾昭和夏鼐等陆续返回了昆明，壮大了考古研究的力量。在昆明度过了两年相对安稳的日子之后，1940年，由于战事吃紧，"史语所"和"中博"再次迁离昆明，来到了四川宜宾的李庄镇。

一次搬运的时候，一不小心将一个盛有人头骨和体骨标本的箱子撞坏了，箱子里的标本洒落了一地。当时村民非常恐慌，传说这个组织是专门吃人肉的。李济邀请当地官员和地方乡绅座谈，给他们不停地解释研究人骨的意义，这才化解了一场暴力事件。

在这场文物迁徙中，他们吃尽了各种苦头，一路颠簸，风餐露宿，

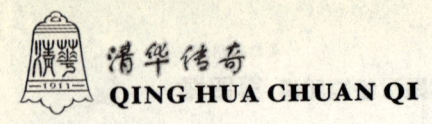

历经了种种磨难。更让李济夫妇饱受打击的是迁徙途中,两个孩子患病后得不到及时治疗,分别在昆明和李庄病逝。

抗战胜利之后,李济以专家身份参加中国驻日代表团,到日本各地调查寻找在战争时期被日本掠夺的文物文献。这次调查寻找,他带回来了周口店的遗物、中央图书馆藏经典书籍等重要文物文献。回国后,李济撰写了《抗战后在日所见中国古物报告书》向国家和人民汇报了追讨文物的情况。但是,令李济深感遗憾的是,"北京人头骨"始终没有找到。

▶ 在几缕愁绪中离世

随着全国解放的日趋接近,1948年,国民政府决定将文物先行运到台湾。年底,"史语所"连同所里图书、仪器、标本共装了上千箱,连同故宫、"中博"的重要文物一并装上驶向台湾的船。当时,很多人反对将文物迁到台湾,事实上李济内心也很矛盾,但是最终他还是选择了离去,用他自己的话说:"只要文物是安全的,在谁手里都不重要。"

1975年,李济的妻子去世,临死前一个劲儿地说:"我要回家。"1979年8月1日,李济因心脏病猝发,在台北逝世。在他去世后,清点遗物时发现,只有台北"故宫博物院"赠予他的几件仿古工艺品。李济未曾收藏过一件古董,2.2万本藏书没有一本是珍本善本。

谢国桢：清华学子自述"痴人"

大师生平

谢国桢（1901~1982），字刚主，晚号瓜蒂庵主，河南安阳人，祖籍江苏常州市罗墅湾。近代著名历史学家、版本目录学家、金石学家、藏书家。1919年，谢国桢进入北京汇文学校大学预科学习。1925年，顺利考入清华学校国学研究院，从事历史研究。两年后谢国桢在南开中学任文史教员，随后在北京图书馆担任编纂，同时兼任金石部收掌。1932年，他曾经一度到南京中央大学担任专职教师，并负责编写《河南通志》，之后返回北京图书馆继续工作。1932年，谢国桢加入了学社，并且担任《营造法式》的校订工作。抗战爆发后，曾经在西南联大图书馆任职。次年，谢国桢回到北平任北京大学史学系教授，并在汪伪政权的国史编纂委员会任职。抗战胜利后，在云南大学和五华书院讲学。解放后，谢国桢回上海经过北京进入华北大学政治研究所学习，同年在天津南开大学历史系任教。1957年，谢国桢被调到历史研究所工作。1982年在北京病逝。

满怀踌躇的没落少年

1901年农历四月,谢国桢出生于河南安阳一个没落的官僚地主家庭。父亲不务正业,整天在外吃喝嫖赌,对家里的老婆孩子不闻不问。谢国桢在矛盾丛集的大家族中备受排挤,生活非常清贫,早期几乎没有接受过正规的学校教育,仅仅读过几年的私塾而已。好在谢国桢的祖母爱好文史,所以经常教谢国桢念《唐诗三百首》《诗经》,有时候还要给他讲《史记》和《西游记》里的故事。

随着年龄的增长,祖母掌握的知识有限,渐渐不能满足谢国桢对知识的渴求。好在祖父嗜书成癖,有很多的藏书,尽管家道中落,但是家中仍然藏有《说文解字》《文心雕龙》《何氏语林》等书籍。闲来没事,谢国桢常常阅读,渐渐对国学产生了浓厚的兴趣。

1919年,刚刚18岁的谢国桢来到天津南开中学求学。由于受"五四"运动的影响,谢国桢也和别的学生一样走上街头游行,抵制日货,并且参加了爱国团体"敬业乐群会"。

由于对数理化等自然科学一窍不通,不久后谢国桢转入北京汇文学校预科学习。毕业后报考北京大学文科,结果以失败告终。谢国桢不服输,连续考了三年,三年都没有中榜。当时谢国桢已经结了婚,而且有了孩子,生活非常困难。谢国桢伤心至极,病倒在床榻上,好在他很快就从消沉中摆脱了出来。之后,谢国桢一边做家庭教师维持生计,一边学习诗文古辞,经过好几年的艰苦努力,1925年,他终于如愿以偿地考入了清华国学研究院。

进入清华研究院之后,尽管得到了学校的资助,衣食无忧,但是谢国桢并没有因此而放弃勤工俭学,依然过着一边读书一边担任兼职教师的生活。事实上,这也给他带来了很大的帮助,由于常年的工作和学习,无形之中,谢国桢已经积累了一定的史学修养。进入清华后,有

了名师的教诲，谢国桢的学问百尺竿头，更进一步。更为重要的是得到了梁启超的教诲，醉心于研究明清史事，并且发表了处女作《明季奴变考》。

艰辛奔波十余载

1926年，谢国桢从清华研究院毕业之后，来到天津"饮冰室"协助梁启超编纂《中国图书大辞典》，并且兼任梁启超的子女思达、思懿的家庭教师。次年，在梁启超的推荐下，谢国桢来到南开高中担任教师，半年后辞职。辞职后在梁启超的推荐下，谢国桢在北京图书馆供职，起初主要负责编辑馆藏丛书目录，之后负责整理馆藏金石碑版和从事明清史研究。这期间，谢国桢奔波于全国各地，搜集明清史籍，陆续写出《清初三藩史籍考》《清开国史料考》等文，此后完成了80万字的《晚明史籍考》。

1928年，在胡适的介绍下，谢国桢来到南京中央大学任讲师，在完成教职任务的同时，整辑旧稿，撰成《明清之际党社运动考》。此书的出版引起了学术界的高度关注，鲁迅赞誉本书"钩索文籍，用力甚勤"。1932年，谢国桢加入营造学社，主要担任《营造法式》的校订工作。

1934年，谢国桢辞去了南京中央大学任讲师的职务，回到家乡编撰《河南通志》。不久，回到了北京图书馆任金石部主任。除了研究明清史料外，还留意和关注两汉碑刻、石画拓片的收采与整理。

1937年，中日战争全面爆发，谢国桢来到云南昆明，就职于西南联大图书馆。次年回到北京，守护北京图书馆的文献资料。此后一度在北京大学执教，主要担任北京大学史学系教授。不久，谢国桢在汪伪政权的国史编纂委员会担任职务。抗战胜利之后在昆明云南大学和五华书院讲学。

抗战结束后,谢国桢想回家探亲。后来在周扬的帮助下,顺利通过了解放区。途中一路听老乡介绍八路军抗日壮举,为解放区的革命情怀所感染。在邯郸,谢国桢又受到共产党人范文澜、杨秀峰的盛情款待,还为他治好了久治不愈的病,这让谢国桢备受感动。回到上海后,谢国桢没有忘记自己的承诺,积极活动为北方大学购置图书,通过各方努力,最终运回了解放区。这段时间,谢国桢生活在上海,主要依赖给大中银行当文书和为开明书店编写文稿谋生。

1948年,谢国桢来到云南大学任教。不久,得知北平和平解放,于是辞去了云南大学教授的职务,由昆明绕道北上,从镇江潜渡长江,经过长途跋涉回到了北平。

坦然面对人生起伏

回到北京之后,谢国桢进入华北大学进修。刚好这一年,新中国成立了。和所有人一样,谢国桢怀着激动的心情参加了庆祝游行,来表达自己对新中国的热爱。很快,完成了学业之后,谢国桢被分配到天津南开大学历史系任教。授课之余,谢国桢并没有放弃自己的学术研究。经过多年的不懈努力,1957年,谢国桢撰成《南明史略》。

后来各种政治运动不断,为了避免不必要的麻烦,谢国桢在研究史料的时候,采取述而不作的策略力求自保,对当时"假、大、空"学风嗤之以鼻。

"文化大革命"爆发后,谢国桢被扣上了"资产阶级反动学术权威"的帽子,屡次遭批斗,受尽了凌辱,一度被发配到河南息县明港干校"改造"。但是这并没有打消他积极投身于史料研究的决心,在相关资料被大量查封的情况下,谢国桢利用《史记》《汉书》等没有被查封的书籍,继续进行研究。从1972年开始,经过两年不懈努力,于1974年完成了10万多字的《两汉社会生活概述》。由于"四人帮"疯狂肆虐,一些当权派就想利用谢国桢的威望为影射史学服务,结果遭到他的严厉拒绝。

文革结束之后,谢国桢担任中国社会科学院研究生院教授和国务院古籍整理规划小组顾问。年近八旬的谢国桢亲自带领学生在各地奔波考察,同时抓紧时间进行了大量的史学研究工作。其间发表了《明末农民大起义的影响》《略论明代农民起义》《明末资本主义萌芽的出现及其迟缓发展的原因》等数十篇论文。同时,应北京大学、北京师范大学、华师大等大学的邀请,谢国桢不辞辛劳地讲授史料学和明清史。除此之外,他还答应福建人民出版社将自己多年访求史书的实践经验,以及对史料学的研究心得,整理成《史料学概论》加以出版。

1982年夏天,谢国桢积劳成疾,不得不住院治疗。在病榻上,他依然忍着浑身的疼痛校订英国剑桥《百科全书》有关南明史的中译稿,一直工作到生命的最后一刻。

吴晗:"深藏图书馆"的清华高才生

大师生平

吴晗(1909~1969),原名吴春晗,字辰伯,笔名语轩、酉生等,浙江义乌人。中国历史学家,现代明史研究的开拓者和奠基者之一,社会活动家。吴晗从小受过良好的家庭教育。1931年入清华大学史学系。大学期间,吴晗发表了很多影响深远的文章,包括《胡惟庸党案考》、《明代之农民》等。大学毕业后,在清华大学讲授明史课。之后先后任教于云南大学、西南联合大学、清华大学等。1949年后任职清华大学校务委员会副主任、历史系主任,文学院院长。同时先后担任北京文教委员会主任,北京市中苏友好协会副会长,北京市副市长,中国科学院历史研究所学术委员等职务。1960年写成新编历史剧《海瑞罢官》,并因此于1969年10月被"四人帮"迫害致死。

▶ 自幼便是"蛀书虫"

1909年,吴晗出生在一个书香门第家庭,父亲是有名的乡绅,有个

叫做"梧轩藏书"的书斋,藏有很多经典文史古籍。在父亲的教诲下,吴晗自幼便酷爱读书,在他七岁的时候,就能流利背诵《资治通鉴》里的很多段落。上小学以后,吴晗又孜孜不倦地阅读《三国演义》《西游记》《水浒》等名著。随着年龄的增长,吴晗的阅读量越来越大,父亲的藏书渐渐满足不了吴晗的需求。他经常四处去借书看,有时候为了借到一部自己想读的书,常常跑上几十里的路,因此,家里人常常笑他是"蛀书虫"。

读完小学之后,吴晗进入浙江金华中学读书。他常常泡在图书馆里,一泡就是一整天。没过多久,学校图书馆的藏书几乎都被他读遍了。后来,他只好利用节假日的时间去书店里读书。1927年秋,吴晗考入位于上海吴淞的中国公学,在此期间,吴晗对历史学产生了浓厚的兴趣。有一次,吴晗在整理《佛国记》的时候,发现现有的资料错别字很多。为了获得更加贴近原著的资料,吴晗向公学的校长,也就是考古学家胡适求助。在他给胡适的信中,吴晗表明了想要重新修订《佛国记》的想法,还提出要将《大唐西域记》《南海寄归传》重新装订出版的建议。吴晗的建议引起了胡适的注意,胡适对这个才华横溢的年轻人非常欣赏。

▶ 零分考入清华的才子

1930年,胡适辞掉了公学的工作,来到北平任教。吴晗追随胡适来到了北平,转入到燕京大学继续深造。胡适担任北大文学院院长之后,积极鼓励吴晗报考北大。但是,北大的要求很高,吴晗在给胡适的信中明显地表示自己信心不足,尤其担心数学。信中他是这样写的:"我对英文、西洋史、逻辑还能凑合,但是数学,一点把握也没有。"同时,吴晗在信中请求胡适运用关系，想要不经过考试直接进入北大。收到信后，胡适断然拒绝了弟子的请求。没办法，吴晗只好硬着头皮参加了考试，结果文史和英语全得了满分，而数学竟然破天荒地得了个零分。按照北大的规定，吴晗被拒之门外。后来在胡适的举荐下，清华大学对吴晗产生了兴趣，最后校方经过一场激烈的讨论，最终决定首开特例，破格录取这位偏科严重的"才子"。

考析历史公案的"太史公"

进入清华大学之后，吴晗学习非常用功，常常泡在图书馆里如饥似渴地饱览各种书籍。在清华大学的图书馆里，吴晗读到了很多以前难以找到的宝贵书籍。多年后，吴晗回忆这段日子的时候说："那时候，没有人指点我，完全是自己在找书读，有些时候，我弄不明白，只好用各种书籍来互相印证。"

进入清华大学的第二年，吴晗在读《明史》的时候，发现记载有关明初丞相胡惟庸党案的资料非常少，而且各种版本的解释都有很大的差异。他对史书记载胡惟庸由于对皇帝有意见，而勾结倭寇刺杀皇帝的说法产生了质疑。那时候，吴晗千方百计搜集了很多相关的资料，几天几夜泡在图书馆里，不断地分析和考证，终于将这个历史公案查了个水落石出，完成了具有划时代意义的论文《胡惟庸党案考》。

此后，吴晗更加意识到资料积累的价值，几乎每天都泡在图书馆里。由于吴晗非常爱读线装的书籍，同学们给他取了个诙谐的雅号"太史公"。通过不断的刻苦钻研，吴晗写下了长达万字的《两浙藏书家史略》和《江苏藏书家史略》两篇论文。

投身救国运动的书生斗士

抗战爆发后,已经大学毕业的吴晗也来到了云南,担任了西南联合大学的教授。在这时期,吴晗接触了历史唯物主义。在目睹了国民党反动面目之后,吴晗的政治信仰发生了翻天覆地的转变,开始向共产党倾斜。同时,吴晗也走出书斋,积极投身到抗日救国运动中。

1943年,吴晗加入了中国民主政党联盟,并担任青年部长。吴晗和闻一多、李公朴等一批知识分子无情地揭露国民党的投降政策,深受青年学生的拥护和爱戴,成为进步知识分子的代表。当时,吴晗和闻一多齐名,被称为"一个是鼓手,一个是炮手""一头愤怒的狮子和一只凶猛的老虎"。1945年,吴晗帮助刚刚成立的民主青年同盟秘密建立了印刷厂,宣传党的政策,进行反对独裁的斗争。

1946年夏,清华大学恢复,迁回北平,吴晗也回到了北平,担任了清华大学历史系教授,继续讲授"中国通史"。同年10月,吴晗担任了民盟北平的总负责人,在"反饥饿,反内战"的爱国学生运动中,起到了积极的领导作用。

通向光明的小屋

清华园西院12号,吴晗一家的居所,三间正房铺着地板,旁边有盥洗室、厨房,还有两间西房。院子比较宽敞,是独门独院,门前有一片树林。在这里,吴晗团结青年学生、青年教师,与中共地下党组织、民盟、民主青年同盟聚会。民盟北平工委发表的抗议美军强暴北京大学女生罪行的宣言就是吴晗在这所屋子里起草的,《论南北朝》《驳蒋介石》等宣言,也是吴晗在这里起草的。后来吴晗在回忆中说:"这所古老的房子经历了两年热烈的、沸腾的、兴奋的生活。"

除此之外,吴晗在自己的住所还多次组织了清华大学青年们的读书会,而且经常做演讲。同时,吴晗还担任"通识学社"的导师,讨论政治问题。在国民党白色恐怖时期,西院12号掩护了很多革命同志。随着解放战争的节节胜利,解放区急需接管干部,而吴晗在负责向解放区输送干部的过程中起到了很大的作用。吴晗在回忆时说:"我们输送了大批的青年到解放区去。只要有可靠的人介绍,我们便替他们安排一切,顺利地通过封锁线。"

新中国里的成就和冤雪

回到清华大学不久,吴晗团结一批教授,不断地和国民党反动派进行艰苦卓绝的斗争。由于吴晗的积极争取,参加的人越来越多,其中包括朱自清。就这样,吴晗一直为中国革命的胜利坚持工作。后来,吴晗遭到国民党的通缉,他不得不离开北平,奔赴解放区避难,受到了中央领导的亲自接见。

北平解放之后,吴晗回到了清华园,并且作为军管会的代表,参加了改建校务领导机构的工作,先后担任了清华大学校务委员会常委、副主任委员,还兼任文学院院长、历史系主任等职。同年11月,吴晗出任北京市副市长。在此期间,吴晗负责杨守敬的《历代舆地图》的改绘工作,以及给《资治通鉴》标标点的工作。不久之后,具体负责了明十三陵中定陵的发掘。为了普及历史知识,吴晗还亲自主编了《中国历史小丛书》和《外国历史小丛书》。

1957年3月,吴晗正式加入了中国共产党。后来,他发表《论海瑞》《海瑞骂皇帝》等文章,提倡敢讲真话的精神,并在1960年写成新

编历史剧《海瑞罢官》。"文化大革命"开始后,吴晗在精神和肉体上惨遭摧残,1968年3月被捕入狱,次年被迫害致死,他的妻子也惨遭迫害,养女1976年在狱中自杀身亡。十一届三中全会之后,吴晗的冤案得到平反昭雪。

1984年10月,在距离清华园西院12号不远的近春园遗址荷花池畔,建造了一座玲珑别致的古亭,邓小平同志亲笔题写的"晗亭"匾额高悬于檐下正中。在山坡下,有一座高2.78米的吴晗塑像,与故居一起,构成吴晗的人生写照。

张岱年:"养生之道并非高深莫测"

大师生平

张岱年(1909~2004),字季同,别号宇同,河北省献县人。著名哲学家、哲学史家、国学大师。早年曾被清华大学录取,随即退学,转而投身于北京师范大学教育系。大学毕业后被清华大学哲学系聘为助教,从事哲学专业的教学工作。清华大学南迁后,闭门修书,随后任私立中国大学讲师、副教授,抗战胜利之后,回到清华大学任讲师,几年之后升为教授。1952年之后调任北京大学哲学系任教。

▶ 家庭熏陶着懵懂少年

1909年5月,张岱年出生在一个书香之家。父亲叫张濂,在翰林院担任编修,民国年间被选为众议院议员,还曾先后担任过河北沙河、枣强两县的县长。母亲知书达理,非常贤惠,是个操持家务的能手。在张岱年3岁的时候,母亲带着他回到了老家河北省沧州献县居住,在私塾里接受了早期的启蒙教育。这期间,母亲不仅要操持家务,还抽时间教导他们兄弟几个。张岱年晚年曾回忆说,母亲常常教育他们要努力向

上，做个好人。正是因为母亲的谆谆教诲，他们在童年时期才没有像别的孩子那样沾上恶习。

不幸的是，在张岱年刚刚10岁的时候，母亲得病去世了。父亲回来料理完后事之后，把他们兄弟几个全部带到了北京，居住在辟才胡同的一个四合院里。来到北京后，张岱年进入北京师范附属小学读书。张岱年的长兄叫做张崧年，他比张岱年大整整16岁，这时已经从北京大学毕业并留在了学校担任教师。事实上，张岱年和他的二兄张崇年来到北京后，就是他的大哥张崧年全权安排的。张岱年在后来的回忆中说："我一开始接触哲学，是受我大哥的影响的。后来我研究马克思等人的哲学著作，也是受大哥的影响。"可见大哥张崧年对于张岱年的哲学启蒙起到了多么大的作用。

对于子女的学业，张岱年的父亲几乎很少过问，但是对于教诲他们做人的道理，却非常重视。他曾经为张岱年书写过一副对联："人贵自立，民生在勤。"以此来勉励和教诲张岱年。**在《做人要有人的自觉》中，张岱年对"自立"作了自己的诠释，他说，"自立"不仅是一种精神和气质，更是一种价值。**

▶ 搭上了哲学的轻便车

1923年，张岱年以优异的成绩从高小毕业之后，进入到北京师范大学附属中学开始了中学阶段的学习。在初中二年级的时候，张岱年对史学、哲学产生了浓厚的兴趣，常常思考宇宙、人生等重大问题。这个时候，他也尝试着读一些哲学著作。第一次读《老子》的时候，他迷迷糊糊，不知所云，后来读了《新解老》，才慢慢地领悟到了其中的内涵。之后，张岱年又接触了《哲学概论》等书。他常常晚上一个人思考一两个小时，渐渐地养成了勤于思考的习惯。初中毕业时，张岱年在终生志愿一栏里填写了"强中国，改造社会"的志愿。

进入高中后，张岱年写了一篇《评韩》，得到了国文老师的好评，后来刊登在《师大附中月刊》上。高中毕业之后，张岱年考入了著名的清华大学。但是清华大学要求学生必须要接受严格的军事训练，这让张岱年望而却步。随即张岱年退出了清华大学，继而考入了北平师范大学教育系学习。但是张岱年渐渐地发现，他对教育学没有太大的兴趣，反而对哲学产生了浓厚的兴趣。于是张岱年利用业余时间勤于自学，学习的方向主要包括中国古典哲学和西方哲学。

在学术上崭露头角

研究了中国古典哲学之后，张岱年被庄子提倡的自然主义深深地吸引，但是对其中透露的消极思想嗤之以鼻。同时，他也很欣赏墨子的"以绳墨自矫，而备世之急"的精神。后来，张岱年读了冯友兰的《中国哲学史》，为其中的精彩论证所折服。由于一开始对老子所存在的年代有一定的兴趣，再加上读了《中国哲学史》之后有所感，于是随即写了一篇名为《关于老子年代的一假定》的文章，他认为《老子》这本书应该出在墨子生活的年代之前，在孟子生活的年代之后。张岱年把稿件投递到《大公报》文学副刊《晨报》发表，很快引起了学术界的关注。

不久，因为这篇文章的发表，张岱年受到邀请参与了胡适和梁启超掀起的关于孔子、老子年代问题的大辩论。在辩论会上，张岱年表现不俗。其后，张岱年读了更多的哲学著作，发表了一系列有价值的论文，包括《先秦哲学中的辩证法》和《秦以后哲学中的辩证法》，其中详细地阐释了《老子》和《易传》及张载、王夫之的辩证法等。同时，由他

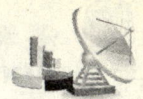

的大哥张崧年引荐和介绍，张岱年有幸结识了很多哲学界的著名老前辈，包括熊十力、金岳霖、冯友兰等。张岱年的虚心请教和刻苦求学，深得老前辈的赏识。

1933年，张岱年从师大毕业，经金岳霖和冯友兰的推荐，被清华大学哲学系聘为助教。张岱年在晚年回忆的时候说："我从师大刚毕业之后，就被两位老前辈冯先生和金先生推荐到清华当助教。对我来说，这是件非常幸运的事情，因为这是我一生学术生涯的开始。我非常感谢他们。"

哲学上的才华凸显

在清华讲课的日子里，张岱年有幸结交了对哲学有很深造诣的张荫麟。张荫麟早年在美国斯坦福大学留学，回国后在清华大学任教。张荫麟对张岱年哲学思想的发展有很大的影响。不幸的是，张荫麟在抗战时期去世了，这对张岱年来说是个不小的打击。第二年，家庭遭遇变故，张岱年的父亲一病不起，不久便离开了人世，这让张岱年本就不悦的心境更加糟糕。好在张岱年并不是被情绪所左右的人，一段时间之后，他便脱离了生活的阴霾，积极投入到工作中去。

这一阶段，张岱年的哲学功底、思维能力以及表达能力都得到了突飞猛进的提高，语言的驾驭能力、理论概括能力也得到了加强。1936年春天，张岱年用了一年半的时间完成了《中国哲学大纲》的撰写。在书中，张岱年对中国古典哲学作了详细分类的剖析。他抛弃了以人物编年为序的写法，采取以哲学问题和范畴为纲要的横向写法，耗费了大量的精力和心血。这部书一写成就得到了冯友兰的高度评价。经冯友兰、张荫麟两位学界老前辈审阅而推荐给商务印书馆，但是由于抗日战争爆发，直至解放后才出版。1936年，张岱年撰写了《关于中国本位的文化建设》与《西化与创造》等文章，表达了自己对文化走向问题的观点和看法，再次引起了哲学界的关注。

▶ 动荡中笔耕不辍

1937年，清华大学南迁。张岱年带着妻子到城内大姐家避乱，与学校失去了联系，没有跟上学校南迁的步伐，被独自滞留在北平。

没有了收入，生活日渐窘困，在这种艰难的时候，张岱年并没有放弃学术研究，依然笔耕不辍，先后完成了《哲学思维论》《知实论》《事理论》《品德论》《天人简论》等文章，提出了对哲学本质的观点以及演绎法、归纳法与辩证法三者之间的关系。这些理论直到1988年之后才得以出版。

1942年，经好朋友王锦第介绍，张岱年结识了私立中国大学校长何其巩和哲教系主任童德禧，随即被聘为哲教系的讲师，后升为教授。何其巩得知张岱年著有《中国哲学大纲》，为了避免文稿在战乱中丢失，建议将手稿印成讲义。张岱年觉得这个建议不错，于是在1943年第一次进行了印刷。

▶ 建国后的荣与辱

新中国成立之后，张岱年情绪高涨，精力充沛，在学术研究和教育上更是如痴如狂。他一边著书立说，一边在学校里授课，忙得团团转。1951年，张岱年被提升为清华大学哲学系的教授。先后在清华大学、

北京师范大学执教。同年，北京大学成立了中国哲学史教研室，开设了相关的课程，由冯友兰和张岱年负责讲课。当时学校规定，每个人每学期都要交一篇论文。张岱年所提交的《王船山的世界观》得到了界内和同仁的一致好评。贺麟说："我原来以为王船山的哲学理论是客观唯心论，看了张岱年这篇文章，我改变了自己的看法。"

1956年，党和政府宣布了新的文化政策，允许"百花齐放、百家争鸣"，这让张岱年兴奋不已。一次，张岱年去探望前辈熊十力，熊老前辈就诚恳地劝他不要乱说话，以免别人扣屎盆子到他头上。但是张岱年并没有留意熊老前辈的话，结果在中国哲学史教研室的工会小组会上，信以为真地提了15分钟的意见。第二年夏天，张岱年被别有用心的人粗暴地划为"右派"，此时的他完全陷入了迷惘。尽管后来他的大帽子给摘了，但是他依然不能进行学术研究和发表文章，直到1979年，才恢复了名誉和待遇。

夏鼐：误入"歧途"的清华才子

大师生平

夏鼐（1910～1985），字作铭，浙江温州人，著名考古学家、社会活动家，中科院院士，中国现代考古学的奠基人之一。1934年，毕业于清华大学历史系。1935～1939年留学英国，获得考古博士学位。1940年在埃及开罗博物馆从事研究工作。回国后担任中央博物馆筹备处专门委员、中国科学院考古研究所所长以及中国科学院副院长等职务。

误入考古"歧途"

1910年2月7日，夏鼐出生于温州市鹿城区仓桥街一个经商世家。父母尽管在生意场上摸爬滚打，但是对孩子的教育一点也没有放松。少年时的夏鼐十分好学，对知识的渴望使他注定要背弃家世，走自己的路。夏鼐的教育是按部就班地完成的。在瓦市小学完成了小学学业之后，他升到省立第十中学附小及该校初中部学习。1927年，17岁的夏鼐初中毕业之后考入上海私立光华大学附中高中部读书。3年之后，顺利考入燕京大学历史系，后转入清华大学历史系，与钱钟书、吴晗并称为清华

"三才子"。1934年7月,夏鼐从清华大学历史系经济史专业毕业,毕业时获得了文学学士学位。同年10月,意外地获得了布克尔基金提供的出国留学奖学金。这对一心想继续深造的夏鼐来说,无疑是个天赐的良机。

由于当时获得留学美国资格的名额只有两个,分别是历史系和考古系,当时夏鼐有个同学杨某是个颇有心计的人,他知道自己的实力比不上夏鼐,于是用尽心机让夏鼐放弃了考历史,这样尽管清华独占了两个名额,但是夏鼐却失去了上历史系的机会。当时夏鼐非常后悔,想放弃,等来年再考,因为他对美国历史做了充足的准备,而对考古没有一点儿兴趣,后来在朋友的劝导下,最终没有放弃。由于考古学规定学生在出国前要有实地考察的经历,所以在著名考古学家李济和梁思永的安排下,夏鼐参加了河南安阳商王墓的发掘。

海外坎坷求学

由于李济和梁思永的导师不幸病逝,他们将英国伦敦定为培养中国考古学的地方,就这样夏鼐踏上了去往英国的征程。

1935年9月,夏鼐抵达伦敦,正式开始了在伦敦大学的求学生涯。起初,夏鼐跟随科特奥德艺术研究所的叶慈教授学习,可是时间不长,他就发现这个研究所历来注重于艺术史的研究,并不是真正地要进行考古发掘,这引起了夏鼐的强烈不满。次年,夏鼐毅然决然地转往伦敦学院埃及学系进行硕博连读的进修。也就是在这一年,夏鼐在英国著名考古学家惠勒教授的指导下,在英国的田野进行了一次真正意义上的考古。这次考古,对夏鼐产生了深远的影响。

1937年,夏鼐获得了硕士学位,随后跟随英国考古队来到了埃及,对阿尔曼特遗址进行了考古挖掘,随后又来到巴勒斯坦杜韦尔遗址参加发掘。期间,夏鼐有幸拜访了仰慕已久的著名考古学家彼特利教授,这次拜访对夏鼐博士论文方向的确定起了关键的作用。此后,夏鼐在埃及的媒体上发表了题为《一个古埃及短语在汉语中的对应例子》的论文,赢得了指导老师格兰威尔教授的大加赞赏,并因此开始了他的博士研究和学习阶段。

正当夏鼐意气风发的时候,抗日战争爆发了,国内的经济受到了极大的冲击,夏鼐的奖学金有限,生活非常拮据。为此,格兰威尔教授特地为夏鼐申请了玛利奖学金以帮助他完成学业。当然这也要夏鼐拿出优异的成绩为前提。事实上,夏鼐并没有让任何人失望。

1939年,为了完成博士论文,夏鼐再次来到埃及,在开罗博物馆进行石珠研究。正当他的研究到了收尾的时候,第二次世界大战打响了。回不到英国,夏鼐只好决定先行回国。在克服了种种困难之后,夏鼐历经西亚、印度、缅甸回到了阔别已久的祖国。回国后在中央研究院考古组任实习研究员。直到二战结束后,夏鼐才获得了伦敦学院授予的博士学位。

回国后大展拳脚

回国后,夏鼐受到了热烈的欢迎,当时的中央政府安排夏鼐到四川省南溪县李庄工作,具体担任中央博物院筹备处专门设计委员,后来转到中央研究院考古组任实习研究员。从1944年开始,夏鼐辗转于甘肃敦煌、宁定、民勤、武威、临洮、兰州等地,进行考古调查,主要从事对新石器时代、青铜时代、汉代至唐代的遗址和墓葬的发掘。1945年,通过对挖掘甘肃阳洼湾齐家文化墓葬,从地层学上确认仰韶文化早于齐家文化,纠正了原来关于甘肃远古文化分期问题的错误判断,为黄河流

域新石器时代正确年代序列的确定做了大量的基础工作。也正是这次挖掘,开辟了中国史前考古学的新起点。

新中国建立以后,夏鼐先后担任中国科学院的考古研究所研究员、副所长、所长等职务。在此期间,夏鼐主持并参与了大量的考古挖掘工作。1950年,夏鼐主持河南辉县战国时代车马坑的发掘,第一次发现了早于殷墟的商文化遗迹,这次挖掘初步显示了新中国田野考古工作的高超技术水平。1951年秋,夏鼐在湖南省长沙主持和参与了战国与汉代墓葬的发掘,在挖掘中了解了当地战国楚墓的演变过程。1956年,他还主持了明代定陵的挖掘工作。1972年,他指导马王堆汉墓发掘工作。1983年,他指导广州南越王墓发掘,期间发表了罗马金币、波斯银币以及古代丝织品的研究文章,对中外交通史的研究作出了卓绝的贡献。

拳拳故园之情

由于工作的原因,夏鼐几乎长年累月地在全国各地奔波,在家乡待的时间并不多,但不管走到哪里,他心中永远牵挂着故乡。早在1942年,夏鼐好不容易有机会回家探亲,可是刚回到温州没几天,日寇发动了"浙赣战役",紧接着温州沦陷,为了避难,夏鼐携家带口躲到了温州郊外双屿山的岳母家中。有一天,一小股日本军队经过的时候,挨家挨户抢劫。夏鼐忍无可忍,站出来厉声斥责日本兵。日本兵恼羞成怒,拔出军刀要行凶。好在夏鼐识时务,一看势头不对,迅速躲进密密麻麻的桔林中才得以逃脱。抗战胜利之后,夏鼐多次回到温州调查文物分布的情况。解放后,他举家迁往北京,利用闲暇时间收集故乡温州的史料,为温州的历史研究作出了卓绝的贡献。

在北京工作生活三十余年,每年过年的时候,家中的风俗跟温州一模一样,红高脚碗、腊鸡腊肉、年糕鳗鲞,全家人仿佛又回到了故乡温州。夏鼐陶醉在乡情当中,格外高兴。

慈爱的父亲、称职的丈夫

平日里,夏鼐没有太多的言语,总是全身心地投入到工作中去,孩子们都很敬畏他。一次,夏鼐的儿子在课堂上顶撞老师,夏鼐被请到了学校谈话。回到家中,他并没有因此而责骂,反而安慰受到惊吓的儿子。受夏鼐的影响,孩子们的性格都非常温顺。

1952年,夏鼐举家迁到了北京。途中,由于劳碌奔波,孩子得了肺炎,后来又转成肺结核。为此夏鼐操碎了心,还自己学会了打针。一次,他在购买注射器的途中摔倒了,打碎的注射器将他的手划破,夏鼐为此内疚不已。

在孩子们选择人生道路的问题上,夏鼐很尊重他们,从来不会把自己的意见强加给他们。所以,夏鼐的大女儿选择了复旦大学食品专业,而大儿子选择了山东大学的机械专业。除了给予他们关爱和温暖,夏鼐从来都不干涉孩子们的生活。他总说孩子们大了,有他们自己的想法。

夏鼐常年在外奔波,很少在家陪伴妻子。为了避免妻子一个人在家孤寂,夏鼐专门为妻子买了一个收音机,让她收听她喜欢的越剧唱腔。为了帮助妻子能够及时收听,在刚出版的《广播节目报》上,夏鼐总是细心地划出越剧节目播出的时间。后来,经济条件逐渐好转,夏鼐带着妻子一同出国访问。在参观博物馆的时候,夏鼐总不忘给妻子做讲解。

随着年龄的增大,妻子患上了癔病,犯病的时候需要有人帮她将喉咙里的痰抠出来。长期以来,都是夏鼐亲手解救,以至于夏鼐不在身边的时候,她总是强忍着不犯病,一旦夏鼐跨进家门,她可能就会昏过

去。夏鼐是妻子不可或缺的精神依托。

▶ 他只是严谨,并不古板

说起夏鼐治学的严谨,和夏鼐一起共事的王世民最有发言权。王世民时至今日还清晰地记得夏鼐为他修改的那份关于马王堆纺织品成分的研究报告。在报告中"碰"字写错了,夏鼐用蓝黑钢笔在旁边注明:"请看《新华字典》×页的正确写法。"

据王世民回忆,包括李济、贾兰坡、裴文中等考古界的"大腕",几乎无一例外地被夏鼐指出过错误。曾经协助李济审查论文的时候,夏鼐提出了近40处修改意见。

这种严谨只是针对工作,并不是夏鼐真实性格的体现。相反,在严肃的科考论文中,却能体会到这位考古大师的风趣幽默。在描述1957年出土的几件唐三彩陶俑时,夏鼐这样写道:"身穿窄袖浅黄襦衫;下着带有白色小花的绿裙,长裙下垂至地,绿色鲜艳。"随后,夏鼐加上了这样的两句诗:"记得绿罗裙,处处怜芳草。"

事实上,夏鼐这位考古学家并不是人们想象的戴着玳瑁边眼镜,额上满布着皱纹,嘴上长着灰白胡子,用干瘪的手指抚摸绿锈斑斓的商彝周鼎的古板考古家形象。相反,他总是穿着中山装,有时候当着下属的面把脚跷在床沿上,喝茶、聊天,和下属打成一片。

殷海光："死不甘心"的自由斗士

大师生平

殷海光（1919~1969），原名殷福生，湖北黄冈团风县人。中国著名逻辑学家、哲学家，思想家，台湾自由主义的开山人物与启蒙大师。早年在西南联合大学哲学系就读，毕业后进入清华大学哲学研究所，从师于著名逻辑学家金岳霖。之后在金陵大学哲学系任讲师和副教授，同时担任原《中央日报》的编辑和主笔。1949年，随同国民党前往台湾，随后在国立台湾大学哲学系担任教授。

▶ 桀骜不驯的小翻译家

1919年12月5日，殷海光出生黄冈市团风县回龙山镇殷家楼村一个传教士家里。7岁的时候随从父母搬到本县上巴河镇居住。1932年，13岁的殷海光被他的伯父带到武昌，在武昌中学念初中。殷海光性格倔强，桀骜不驯，读书非常任性，专挑自己喜欢的科目去学，对自己不喜欢的科目则不闻不问，结果有好几门课的成绩都不合格。为此，他的伯父和父亲都觉得他不是读书的料，在他进入武昌中学的第二年，强行勒令他退了学，让他去食品店当学徒工。坚持了8个月之后，殷海光受不

了食品店繁重的劳动，逃回了家。经过几番努力，终于说服了他的父亲，让他重新复了学。16岁那年，殷海光迷上了哲学，并且写了一篇学术论文，后来在名气很大的《东方》杂志上发表，这让殷海光有了点名气。次年，殷海光花了半年时间将厚达417页的《逻辑基本》翻译成中文。

后来由于家境窘困，殷海光面临着再度辍学的境况，于是给著名哲学大师金岳霖写了一封信，希望能得到他的帮助。令他没有想到的是，金岳霖教授并没有因为他是一个穷家子弟而看不起他，在他的信发出去不长时间，就收到了金岳霖的回信，金岳霖答应在北京给他谋一份差事。很快，殷海光在北京见到了恩师金岳霖。面对渴望求知的殷海光，金岳霖并没有给他找工作，而是建议他考取清华哲学系。当时已经错过了考试的时间，殷海光在北京的生活基本上都由金岳霖教授资助。

不巧的是，就在这一年，中日战争全面爆发，金岳霖给了殷海光50元钱作为返乡的路费。就这样，在北平住了差不多一年后，殷海光回到了故乡。第二年春天，他得知清华大学与北京大学、南开大学迁到昆明组合成西南联合大学后，随即来到了昆明，继续追随金岳霖。

▶ 从青年军到日报主笔

1938年秋，在金岳霖教授的帮助下，殷海光如愿以偿地考上了西南联合大学哲学系。1942年，经过了4年的学习之后，殷海光报考了清华大学哲学研究所，专攻西方哲学。但是令人遗憾的是，殷海光并没有把所有的心思用到做学问上，而是卷入了校园内的种种政治斗争。1944年底，在蒋介石发表《告知识青年从军书》的鼓动下，殷海光毅然放弃了学术研究而投笔从戎，参加了青年军。在军营摸爬滚打了8个月之后，

因为不适应军队生活,殷海光回到了重庆。但是他并没有回到校园,而是在政治场上角逐。

踌躇满志的殷海光在同乡陶希圣的帮助下,进了国民党主办的《中央日报》,担任起了主笔,主动充当了为国民党反对派摇旗呐喊的吹鼓手。与此同时,殷海光还担任了金陵大学讲师,讲授"哲学与逻辑"课程。但是,在讴歌国民党的丰功伟绩的时候,了解了很多不为人知的事实真相,他开始认识到"中国的问题不是口号所喊的那么简单",于是不断地对国民党进行尖锐的讽刺。

1948年11月4日,殷海光在《中央日报》上发表题为《赶快收拾人心》的社论,猛烈抨击豪门贵族和国民党的内外政策,惹怒了蒋介石,为此受到了蒋介石的斥责和警告,并险些丢掉这份工作。

1949年3月,国民党败走台湾,殷海光随同《中央日报》来到台湾,继续担任主笔,同时兼任《民族报》总主笔。同年5月,殷海光在《中央日报》上发表社论,讽刺跟随蒋介石到达台湾的军政要员全是"政治垃圾",因而惹怒了蒋介石,最终受到国民党的攻击和迫害,离开了《中央日报》,转业到台湾大学哲学系执教。

不畏强暴的真勇士

殷海光离开《中央日报》投身教育界之后不久,他与胡适、雷震等人在台北创办影响巨大的综合性半月刊《自由中国》。当时远在美国的胡适被举为发行人,雷震任社长。由于胡适不在台湾,具体编辑和发行由雷震在负责,实际上为报社撰稿的是殷海光。

1953年,殷海光在朋友的介绍下读了哈耶克出版于1944年的《到奴役之路》,于是萌生了想要把这本书翻译成汉语的念头。得到雷震的同

意之后，殷海光立即着手操作，并于同年9月在《自由中国》上连载。

此举引起了蒋介石的大为不满，1954年底，在蒋介石的直接干预下，雷震的国民党党籍被注销。得到这个消息之后，殷海光致信雷震："欣闻老前辈断尾，诚新春之一喜讯也，可祝可贺。"

1957年8月，《自由中国》推出了总标题为"今日的问题"的一系列社论，全面检讨台湾在政治、经济、社会、文化等领域存在的严重问题，殷海光也从幕后走到了前台。他提出的这些问题非常尖锐，引起了不小波澜，蒋介石彻底恼怒了，不但指挥舆论攻击《自由中国》，攻击殷海光，还用暴力对《自由中国》进行打压。

1960年9月4日，《自由中国》被国民党当局查封，《自由中国》编辑部所有成员被完全隔离在家中，不能互通消息，当然也包括殷海光在内。事实上，当时殷海光已经作好了被捕的准备，侥幸的是国民党并没有对他动手。

此后不久，台湾"警备总司令部"设计了一个陷阱，买通了殷海光的一个朋友，利用他对当局的不满引诱他，待取得充分的证据之后再对殷海光动手。幸亏殷海光的好朋友胡学古识破这个诡计，才使殷海光逃过了一劫。

白色恐怖并没有把殷海光吓倒，反而激发了他更强的斗志，从1960年10月1日起，殷海光在《民主潮》等杂志发表了一系列文章，来控诉国民党的罪行。

▶ 在愤恨中离世

国民党当局由于阴谋败露，没有将殷海光抓进监狱，但随后对他进行了严密的监控。

对政治失去兴趣之后，殷海光重新回到学术上来。他给自己的定位是"勉力做个好的启蒙人物：介绍好的读物，引导大家打定基础，作将来高深研究的准备"。他把希望寄托在青年人的身上。1966年，殷海光完成了《中国文化的展望》的创作，并在这一年出版。

但是，殷海光的潜心修学并没有被国民党当局容忍，作为《自由中国》曾经的老主编，殷海光公众演讲的权利被粗暴地剥夺，就连他平日里外出也有特务尾随其后，进行跟踪调查。1966年7月，当他的著作《中国文化的展望》再次出版之后，被列为禁书。同年8月，在国民党的干涉下，殷海光失去了在台湾大学执教的资格。随后，他的生活陷入了窘困的地步。

无奈中，殷海光想到美国教书谋生。几经周折，1967年5月，哈佛大学终于同意聘请殷海光到哈佛大学，与史华慈教授一起研究中国近代思想史。但是，国民党当局牢牢控制了殷海光的自由，殷海光海外谋生的梦想最终破灭了。好在哈佛大学寄来的研究经费帮他缓解了生活上的危机。不久，哈耶克教授来台湾访问，当局也禁止殷海光与之晤谈。1969年9月16日，与病魔抗衡了两年的殷海光在愤恨中离开了人世，这一天离他50岁生日还有整整3个月。**临终时，他说："我死得不甘心。对于青年，我的责任未了；对于苦难的中国，我没有交代。"**

第五章

军政达人风云传奇

清华传奇

张奚若：从"倔脾气教授"到"率直部长"

大师生平

张奚若（1889~1973），字熙若，自号耘，陕西大荔县朝邑镇人。著名的爱国民主人士、社会活动家、政治学家。早年参加过辛亥革命，后赴美留学获得政治学硕士学位，回国后任教于清华大学和西南联大。新中国成立后任政务院政法委员会副主任、教育部部长、对外文化联络委员会主任、中国人民外交学会会长等职。1973年7月18日卒于北京。

▶ "好上不好下"的严谨学者

张奚若堪称礼貌得体、沉稳谨慎的楷模，总是隐忍克制，总是字斟句酌。有个观察者写道，他的嘴就像北平紫禁城的城门，似乎永远是紧闭的。

张奚若在清华主讲西洋政治思想史等课程，颇受学生欢迎。虽然是有名的大学者，但张奚若一生著述并不多。著名哲学家金岳霖称他是自己"最老的朋友"，金在回忆录中也不无感慨地说："他的文章确实太少了。"张奚若从不轻易写作，留下来的著作不多，但发表的《社约论考》《主权论》《卢梭与人权》《自然法则之演进》等文章在当时产生了很大的社会影响。法学家王铁崖回忆1931年读张奚若《法国人权宣言的来源问题》一文时的感受说，"那真是一篇罕见的好文章"，即使时隔几十年之后，仍具有很高的学术价值。

张奚若曾说："治学是要投资的，给一批人时间，叫他们去研究，即便这批人中间可能只有少数能真正有所贡献。"他认为，做学问没有那么简单，应该鼓励钻研、容忍失败，必须反对急功近利的做法。他教书十分严谨，因此他的课有个特点：好上不好下。课上，他对所涉及的人物和事件有褒有贬，讲课的声音也随之时而高亢、时而低沉，非常生动有趣。但下课之后，学生必须按照他的要求阅读参考书，这是一项繁重的作业。

严师发牢骚

张奚若的课以严格而闻名，因此鹦鹉学舌、拾人牙慧者很难得高分。他最欣赏独立思考，哪怕与他的观点对立。考试成绩公布时，在80到100分这一档几乎没有人，有些人的成绩甚至在30到50分之间徘徊。

1936年秋，只有八位极为勤奋的学生选修他的课，结果四人不及格，其中一人得了零分。他给张翰书（后为中国台湾立法委员）九十九分，外加一分得了满分。这件事在北大、清华人人皆知。张奚若并不只是严师，有时候发牢骚也挺有意思，他不止一次地感慨道："现在已经是民国了，为什么还老喊'万岁'？那是皇上才提的。"暗讽一些人大呼"蒋委员长万岁"。偶尔，张奚若也会在课堂上针砭一番时弊。有一回他提到冯友兰的《新理学》，说："现在有人讲'新理学'，我看了看，也没有什么'新'。"他并没有直说冯友兰的名字，但同学们都知道，因为1941年冯友兰的《新理学》在教育部得了一等奖，名气很大。

"硬汉"张奚若

徐志摩是张奚若的好友,他曾称张奚若为"一位有名的炮手"。在徐志摩眼里,张奚若是个"硬"人,像一块岩石,还是一块长满着苍苔的岩石。他的身体是硬的,他的品行是硬的,他的意志,不用说,更是硬的。他的说话也是硬的,直挺挺的几段,直挺挺的几句,有时这直挺挺中也透着一种异样的妩媚,颇像张飞和牛皋那味道。

1937年,蒋介石在庐山举行国事谈话会时,聘请张奚若参会,给张奚若的可谓是"国仕"之礼遇。但不久之后,张奚若与蒋介石发生了冲突。在一次例行的国民参政会上,张奚若以参政员身份发言,言词激烈地抨击了蒋介石的独裁和国民党的腐败。蒋介石顿感难堪,于是打断他的发言,插话说:"欢迎提意见,但别太刻薄!"张奚若一怒之下拂袖而去,从此不再出席参政会。下一次参政会开会时,政府给他寄来开会的通知和路费,张奚若当即回电一封:"无政可议,路费退回。"当时教育部规定大学系主任以上领导人员,一律参加国民党,张奚若拒不填表。

1946年1月1日,重庆召开政治协商会议。与会者有各党派、无党派的代表人士总共38人,其中国民党八人,共产党七人,民主同盟、社会贤达各九人、青年党五人。学者傅斯年、张奚若是无党派的代表。张奚若的代表名额是共产党提出来的,国民党说,张奚若是本党党员,不能由他们提。张奚若为此致信重庆《大公报》发表声明,宣称他曾以同盟会会员身份参加过辛亥革命,但从未加入国民党。这个声明是这样说的:"近有人在外造谣,误称本人为国民党员,实为对本人一大侮辱,兹特郑重声明,本人不属于任何党派。"

建议使用"中华人民共和国"国名

新中国成立前夕,即1949年6月15日,新政协筹备会第一次会议在北京召开,张奚若以民主教授的身份出席会议。在各小组讨论的过程中,对于新中国的国号问题,争论颇为激烈。有人提议用"中华人民民主共和国",也有人提议用"中华人民民国"。张奚若在经过深思熟虑之后,认为还是使用"中华人民共和国"为国名好。张奚若说:"我们是人民民主专政的政权,人民这个概念已经把民主的意思表达出来了,不必再重复写上'民主'二字。"与会代表经过反复讨论,认为张奚若的提法好,一致同意新中国的国名为"中华人民共和国"。此外,在他的坚持下,会议还同意保留《义勇军进行曲》的原歌词作为国歌的歌词。

罗隆基："一片青山了此身"

大师生平

罗隆基（1898~1965），字努生，又名国琅，笔名生辉、野度，江西省安福县人。中国近现代著名政治活动家，爱国民主人士，他是中国民主同盟创始人之一，曾两度出任《益世报》社论主笔之职。主要著作有《人权论集》《政治论文集》和《斥美帝国务卿艾奇逊》等。

▶ 初见祥瑞

罗隆基于1898年8月14日出生在江西安福县枫田镇车田村一个书香世家。在他出生这天，产妇床上的蚊帐后面出现一条大蛇，吐着信子，蜷成圆盘在床后不走。几个老年人看后忙恭维说："蛇者，龙也。此时龙仔出现，乃吉祥之兆也，此生来日必有将相之份。"按照安福方言，"龙仔"的读音叫"龙叽"，于是"龙叽"便成了出生婴儿的乳名。

5岁这年，"龙叽"到了读书的年纪，要拜"至圣先师孔子"启蒙读书。父亲罗念祖要给儿子取个学名，冥思苦想之际，突然灵机一动，这"龙叽"正是唐明皇李隆基的谐音，真是个千古巧合，借个贵气，于是"罗龙叽"便改成了"罗隆基"。罗念祖是清末秀才,他饱读诗书,潜心教育,在赣中一带颇有名气。他教书很特别,只教"尖子"学生,顽生劣生,庸碌之辈,家长出大价钱他也不收。1903年他在吉安开馆,左选右选,只收到四个学生,进行重点教化,果然后来都成了名人。这四个学生除儿子罗隆基外,一个是吉安人刘峙,后来成了国民党河南省主席,二级上将;一个是吉水人罗家衡,后留学日本,专攻法律,是我国近代著名的法学家;再一位是邻村的李畴福,后来当过北洋政府和国民党政府的县长,解放后又被选为安福县的副县长,人称"三朝元老"。因此可以说,罗隆基的成材与其父严格的家教是很有关系的。

▶ 五四运动中的清华先头兵

1913年,年仅15岁的罗隆基以全江西第一名的成绩考进了北京清华学校。他不仅成绩出类拔萃,更为难能可贵的是,他的思想也相当活跃,他擅长演讲,喜欢发表政见,往往立论独特,言辞犀利,显露着反传统精神。被斥为"异端邪说"的马列主义书籍,学校禁止学生看,罗隆基不但要看,还常以"生辉""野度"的笔名在《新青年》上发表文章。他不经学校当局同意,把李大钊《庶民的胜利》全文抄写张贴于学校走廊上,为此受到学校警告,因此被人呼为"罗疯子"。

1919年5月4日是清华学校建校八周年纪念日。这天下午,罗隆基从校外朋友来的电话中得知,城内很多学生在示威游行。他立即进城去打探情况,回来时正好开晚饭。他站在食堂的凳子上向大家报告消息并号召大家说:"同学们,北京各学校的同学都起来救国了,我们不能坐视不管,应该急起响应。"一石激起千层浪。第二天,清华学校便与各学校一起行动。罗隆基在"五四"运动中当先锋,打头阵,到处演讲作

报告,鼓动同学们上街游行,积极支援其他学校的斗争,坚决打倒卖国贼,收回山东主权。罗隆基不仅成了清华学校的运动闯将,还被选为"北京中等以上学生联合会"执行委员兼宣传干事长。5月5日下午,罗隆基等人在西单街头演讲,被北京警察总监吴炳湘带领警察追捕。罗隆基在与警察的打斗中,躲到一座桥下,机灵地逃走了,次日在声援北大时被警察逮捕。段祺瑞在一次紧急会议上说:"北京此次闹事的学生中,江西有三只虎,不打不得了,不打要翻天。"他所说的"三只虎",指的就是北大的张国焘、段锡朋与清华的罗隆基。

一片青山了此身

建国后,罗隆基先后担任中华人民共和国政务院委员、森林工业部部长、政协全国委员会常委、第一届全国人民代表大会代表、民盟中央副主席等职。1957年的"反右"运动中,罗隆基和章伯钧被划为头号大"右派",称为"章罗联盟"。1958年1月26日,民盟中央宣布撤销罗隆基民盟中央副主席职务,31日,撤销罗隆基全国人大代表资格,同时撤销森林工业部部长职务,从此淡出政治舞台。罗隆基被划为"右派"之后,香港有人邀请他到香港办报,未去,仍留在北京。1965年12月7日子夜,罗隆基因心脏病突发心绞痛,猝然离开人世。他没有妻子,没有子女。他死去的时候,头上还戴着"右派分子"帽子,没有举行追悼会。直到1986年10月24日,中国民主同盟中央在全国政协礼堂三楼大厅隆重纪念罗隆基先生90周年诞辰。全国人大常务会副委员长、民盟中央代主席楚图南讲述了罗隆基的生平事迹。中共中央书记处书记兼统战部部长阎明复在会上追述了罗隆基先生的一生,热忱肯定了罗隆基先生的革命贡献,认为他是知名的爱国民主人士和政治活动家。一片青山了此身,这就是罗隆基的一生。

钱端升：代表一个时代的法学教授

大师生平

钱端升（1900~1990），字寿朋，曹行乡人，生于上海。钱氏祖上行医，端升勤奋好学，13岁就学江苏省立三中，1916年秋入上海南洋中学，17岁考入北京清华学校，19岁被选送美国北达科他州立大学，不久入哈佛大学研究院深造，24岁获哲学博士学位。回国后，钱端升相继担任清华大学教授、北京大学兼任教授、南京中央大学政治系副教授、西南联大教授等。也曾短期接替罗隆基担任天津《益世报》主笔。1952年以后，先后任北京大学法学院院长、北京政法学院首任院长等职，致力于新中国的法治建设和外交事务活动。1954年作为第一届全国人大宪法起草委员会顾问参与我国第一部宪法起草工作。1962年至1966年主编《当代西方政治思想选读》。"文革"期间，其学术生命跌入谷底。1978年起担任中国政治学会名誉会长。

▶ 千方百计回祖国

1945年11月25日晚，西南联大举办时事晚会，遭到国民党军警宪特

的威胁，但钱端升毫不畏惧，第一个挺身而出，发表演讲支持联合政府的主张。国民当局出动军警包围了6000多师生，鸣枪示警，企图驱散师生；失败后，军政当局又突然停电。钱端升和6000多师生又点起汽灯开完了会。27日，昆明各大中学校代表决议全市总罢课，钱端升出席了联合大学教授会，通过公开抗议支持学生的行动。12月1日，国民党军政当局制造了"一二•一"惨案，在联大师范学院大门前开枪并投掷手榴弹，联大学生潘琰、李鲁连等4人当场死亡，重伤20多人。12月2日，联大教授集会，推选钱端升、周炳琳、费青、燕树棠、赵凤喈5位教授组成了法律委员会，准备起诉。此举得到成都、上海各界纷纷响应后，国民党特务甚至寄给钱端升一颗子弹，以此相威胁。但是，特务们并没有如愿。

1948年末，国内解放战争进展十分迅速，形势发展令人快慰。此时，寄居在费正清家里的钱端升不顾友人挽留，想方设法回到祖国。对于其千万百计回国的原因，美国学者恰末尔•约翰逊说："是因为他希望能在国家未来的政治生活上大有作为。"回国后不久，钱端升被推举为北大法学院院长。当时北平即将解放，在迎接解放到来的过程中，钱端升做了不少工作。他拒绝了国民党邀其南下的安排，积极与中共地下党取得联系，并按照党的意图，保护革命学生，做教职员工的工作，维护接管学校，对北平解放后北京大学正常秩序的建立作出了贡献。

▶ 改造自己更好地服务祖国

1951年，钱端升参加了中央土地改革工作团，到四川大邑县现场观摩土地改革，回学校后向北京大学政治系的师生谈了心得体会，并于11月20日在《光明日报》上发表《为改造自己更好地服务祖国而学习》

一文。在这篇文章中,钱端升全盘否定了自己:"不但在解放以前我的教学工作基本上是从个人的利益出发的,是遵循着资产阶级的思想道路的,客观上是为反动统治阶级服务的;即使在解放以后,因为我的旧思想意识仍然存在,我在北京大学工作,在很多的方面,仍充分表现了旧知识分子的思想和作风。"这一年,钱端升先后当选为北京大学教育工会主席、中国教育工会全国委员会副主席和北京市委员会主席。可以说,钱端升这一年的公共生活有声有色。

被打成"右派"

在中央的统一安排下,1957年5月9日,北京政法学院党委邀请民主党派和党外人士举行座谈会,以揭发本院工作中,特别是党领导工作中的官僚主义、宗派主义和主观主义。全院揭开了整风运动的序幕。为了加强对整风的领导,北京政法学院成立了以院党委书记刘镜西等8人组成的整风办公室。在29日的北京政法学院教授座谈会上,钱端升做了"批评三害"的发言,在发言中他对于北京政法学院里面的官僚主义、宗派主义等加以批评,这些问题不光院长钱端升深有感触,其他不少教师亦表达了类似的看法。6月,北京政法学院工会召开第四次代表大会期间,北京政法学院开始进入"反右"斗争阶段。此后不久,北京政法学院"反右"斗争全面展开,钱端升被划为"右派",受到了很多不公平的待遇。1987年前后,钱端升在撰写《我的自述》时,对发生在三十年前的这场灾难,简单评价为"检讨不起作用,实事不能求是,呼吁不获同情,妻儿不能幸免的多灾多难的岁月"。

钱端升与周恩来

钱端升最尊重的领导人就是周恩来。他和周恩来相识于1945年、1946年在重庆召开的国民参政会上，此后钱端升还应周恩来之邀，去上海周公馆与之讨论国是。被打为"右派"之后，钱端升终日郁郁寡欢。周总理知道李四光和钱端升私交不错，便于1958年的某日，让李四光找钱端升谈谈，安慰一下。

被打成"右派"后，钱端升被剥夺了除全国政协委员外其他所有公职。1960年的一天，钱端升带了全家去政协礼堂吃饭，饭后一家正在二楼的大厅里，突见几个警卫在催促那里的人群快些离去，钱端升一家只好准备离开。这时电梯门开了，只见周恩来大步走来，口称钱端升为"端公"。总理安慰了钱端升一番，说人应该活到老、学到老、改造到老，并对在场的家人都一一问及。这是1957年之后钱端升首次见到周恩来。钱端升和周恩来再次见面是在1973年，缪云台自美国来定居，周恩来宴请缪云台时邀请钱端升作陪。在这之后，周恩来决定让钱端升出任外交部顾问，并安排钱端升在外交部国际问题研究所上班。此前，周恩来还授意钱端升到外交部国际条法司参与研究中美建交所面临的中美冻结资产解冻问题的谈判方案；要乔冠华外长第一次赴美参加联合国大会前，到钱端升家再商讨一下。乔冠华等造访钱府时，了解到钱家有三间房子自文革初期就被数人以红卫兵之名挤占。在总理等领导的关怀下，这些不速之客很快就退了出去。钱端升万万没有想到，他再一次见总理竟是在向总理遗体告别之时。为了表达他对总理永恒的怀念之情，此后他把总理的相片一直挂在客厅中。

晚年的钱端升

1978年，钱端升一只眼睛患静脉血栓，几乎失明。次年，已是耄耋之年的钱端升又患结肠癌。好在是时钱端升已被平反，精神上得到了很大的解脱。1981年，81岁高龄的钱端升加入了中国共产党。1982年，钱端升不顾身体病痛，硬撑着参加了一个追悼会，为了悼念一位解放后被他动员从美国回来后受到不公正对待而死的学生。

钱端升曾经写道："至于我一生，经历了不同的时代，走过了曲折的道路，功过是非如何，窃以为还是留待来者评说为好。"

1986年2月24日，由北京大学、中国政法大学、外交学院等发起，在全国政协礼堂为钱端升执教60周年举行庆祝会，高度赞扬了钱端升的治学从教精神。钱端升在教育战线辛勤耕耘几十年。他对学生既严格要求，又热情扶掖，循循善诱，诲人不倦，为我国培养了大批人才，堪称桃李满天下，不少海内外知名人士都受过他的教益。1988年，钱端升接受了中国政法大学名誉教授聘书。1990年1月21日，钱端升在北京病逝。

孙立人："东方隆美尔"的悲喜人生

大师生平

孙立人（1900～1990），字抚民，号仲能，汉族，安徽省巢湖市庐江县金牛镇人，抗日名将、军事家、民族英雄、中华民国陆军二级上将，蒋介石"五大主力"之一新一军军长。1923年毕业于清华大学，同年赴美国留学，1928年回国。1942年，随中国远征军入缅甸。仁安羌一战赢得了国际声誉，营救英军并和美军并肩作战，在打通中缅公路中声誉鹊起，被欧美军事家称作"东方隆美尔"，是军级单位将领中，歼灭日军最多的中国将领。荣获第三等级的不列颠帝国勋章。被视为国军中相当另类的鹰派，不但军事才能极高，而且重视教育。

▶ 中国早期的体育明星

1914年，孙立人以安徽省头名状元身份考取清华学校庚子赔款留美预科，接受八年的留美预备训练。那时的清华十分注重学生的体育锻炼，进入学校后的孙立人在校风的影响下更是热衷于篮球、足球、排球、网球、手球、棒球等各项球类运动，在众多项目中，他最擅长的还是篮球。

1920年,孙立人任清华篮球队队长,率队击败当时称霸京津篮坛的北京高等师范学校,获得华北大学联赛冠军。第二年,他入选中国国家男子篮球队,参加了在上海举行的第五届远东运动会。当时篮球项目只有菲律宾、中国、日本三国参加,作为东道主的中国队经过激战,先击败日本,再击败菲律宾,获得本届运动会篮球冠军,这是中国在国际大赛中第一次获得篮球冠军。

从军之路

孙立人于清华大学土木工程系预科毕业后,1923年赴美留学,先入普渡大学学土木工程。1925年取得工程学士学位后,即申请进入弗吉尼亚军校。当时他的父亲对国内北洋军阀甚为反感,反对孙立人学军事。但孙立人身在美国,其父鞭长莫及,亦无可奈何。孙立人以学士位直接入军校三年级习文史,1927年即毕业,后游历欧洲,考察英、德、法、日等国军事。次年回国,在国民党中央党务学校任中尉军训队长,1932年调财政部税警总团任第二支队上校司令兼第四团团长。

孙立人在训练军队上很有一套自己的功夫,他把中国传统教育和美国军校的教育方式结合起来,制订出适合自己部队需要的训练制度和方法,形成了一套与国军其他部队不同的训练操典,被大家称为"孙氏操典"。

1937年,抗日战争全面爆发。孙立人率部参加淞沪抗战,在苏州河周家宅一线血战中被日军火炮击成重伤,全身中弹十三处,昏迷三天。后被护送到香港救治。1938年伤愈从香港归队,在武汉找到财政部长孔祥熙。鉴于原税警总团已在淞沪会战中损耗殆尽,财政部有意重组直辖

缉私武装，孙立人即成了重组的最佳人选。孙立人自留美回国以后一直很得财政部的器重，却对中央陆军颇为不以为然，有此良机自然马上辞去第8军为他保留的"高参"职务，立即赴往长沙，利用清华内迁后的旧校址招兵买马，重组财政部拟名的"缉私总队"。很快孙立人就组建了一支6个团的队伍，成为一支精锐之师。

1941年12月，缉私总队被改编，孙立人被迫交出3个团给戴笠，缉私总队2、3、4团被改编为国民革命军新编陆军第38师，孙立人也由军级的缉私总队长降为只管3个团的师长，军衔仍为中将。编入第六十六军序列，赴缅参战，自此拉开了孙立人传奇的一生。

第一次中印缅作战

第一次中印缅之战中，孙立人立下卓越功勋。1942年2月，中国组成远征军，下辖第五军、第六军和第六十六军。4月，孙立人率新三十八师抵达缅甸，参加曼德勒会战。4月17日，西线英军步兵第一师及装甲第七旅被日军包围于仁安羌。孙立人奉盟军指挥官美国将军史迪威之命亲率113团星夜驰援，18日凌晨向日军发起猛烈攻击，至午即攻克日军阵地，歼敌一个大队，解了7000多名英军之围，救出被日军俘虏的英军官兵、传教士和新闻记者500余人。当时孙立人的新38师英勇善战，打出了赫赫威名，令日军胆战心惊。被救的英军官兵个个热泪盈眶，向中国官兵竖起大拇指，高呼："中国万岁！""中国军队万岁！"仁安羌之战是中国远征军入缅后第一个胜仗，孙立人以不满一千的兵力，击退数倍于己的敌人，救出近10倍于己的友军，轰动全球。蒋介石给他颁发了四等云麾勋章；罗斯福授予他"丰功"勋章；英王乔治六世授予他"帝国司令"勋章。孙立人以自己卓越的军事才华和勇敢精神赢得了世人的敬重。

"东方隆美尔"的称号

1944年10月，反攻缅北的第二期战斗开始。中国驻印军由密支那、孟拱分两路继续向南进攻。孙立人率新一军为东路，沿密支那至八莫的公路向南进攻，连续攻取缅甸八莫、中国南坎。1945年1月27日，新一军与滇西中国远征军联合攻克中国境内的芒友，打通了滇缅公路。次日两军于芒友举行会师，作为在越南河内（时称东京）会师的前哨。随后，孙立人指挥新一军各师团继续猛进，3月8日攻占腊戍，3月23日占领南图，24日占领细胞，27日攻克猛岩，消灭中缅印边界所有的日军部队，第二次中缅印战役以胜利告终。孙立人因战功赫赫获得勋章。

孙立人指挥新三十八师，在远征缅甸，协同盟军抗击日军的战斗中，屡克强敌，战功卓著，其运用的战术、显示的战力备受国内外肯定，有"东方隆美尔"之誉。而被打败的日军在缅甸战后史料上，尊称他为"军神"。1945年5月，孙立人率新一军返抵广西南宁，准备反攻广州。同月，孙立人应欧洲盟军最高司令艾森豪威尔之邀，赴欧考察欧洲战场，是中国唯一被邀请的高级军官。8月15日，侵华日军投降。9月7日，新一军进入广州，接受日军第二十三军投降，并建造新一军印缅抗日阵亡将士公墓。

兵变事件

孙立人在退守台湾后正式就职台湾防卫司令，后接任陆军总司令兼

台湾防卫总司令（当时陆军总司令部与台湾防卫总司令部址乃同一驻所）。1951年5月，晋升陆军二级上将。1952年4月，连任陆军总司令。

孙立人一直致力于军队的现代化建设，他整编了撤退来台的军队，建立了完善的兵役制度与预备军官制度。他制定的一系列军事训练计划，成绩甚佳。但随着孙案的爆发，孙立人的很多功绩，都被国民党政府删除。究其原因，就是蒋介石为了清除国民党军队中的亲美势力，巩固蒋氏父子对军队的绝地控制权，因而制造出来这一起政治事件。当时孙立人坐镇"陆军总司令部"，对蒋经国势力扩张妨碍甚大。因此，蒋介石打算在孙立人两任期满时将其免职。孙立人察觉后，想建立自己的势力圈，但效果不明显。1954年6月，孙立人被免去"陆军总司令"之职，调任有职无权的"总统府参军长"。

1955年6月，台湾盛传孙立人的老部下郭廷亮、江云锦等预谋在蒋介石阅兵时发动"兵谏"。国民党特务系统立即行动，逮捕了郭廷亮等103名官兵，孙立人也被侦讯。8月3日，孙立人向蒋介石签署"辞职书"。8月21日，蒋介石下令免除孙立人"参军长"职务，组成了以陈诚为主任的9人调查委员会，查处此事。两个月后，"调查委员会"做出结论，指责孙的部下郭廷亮"为中共工作"，利用孙的关系在军中联络军官，准备发动"兵谏"，孙未及时"举报"，亦未"采适当防范之措施"，"应负责任"。蒋介石最后以"纵容部属武装叛国、窝藏匪谍密谋犯上"的罪名，将孙立人送往台中长期拘禁。孙立人被拘禁后，其亲信部属一一被调离军职查办，前后有300多人因与本案有牵连而被捕入狱。

孙立人晚年一心向佛，1990年11月19日病逝于台中市向上路寓所，享寿90岁。

吴国桢：从清华才子到台湾主席

大师生平

吴国桢（1903～1984），字峙之，湖北建始人。早年先后入南开中学、清华大学学习，毕业后赴美留学，获普林斯顿大学哲学博士学位。回国后历任湖北省财政厅长、汉口市长、重庆市长、国民党政府外交部政务次长、国民党中央宣传部部长、上海市长。曾任蒋介石秘书。1949年4月去台湾，历任台湾省"主席"、"行政院"政务委员。因与台湾蒋家父子政见不一，1953年5月"请假赴美"，从事教育与著述，1954年被蒋介石明令撤销其政务委员职务、开除其国民党籍。

▶ 周恩来对吴国桢的影响

吴国桢十岁时便和他的哥哥吴国柄在天津南开中学就读，当时吴国桢是南开中学年龄最小的学生。有一次，南开校长张伯苓晚上查巡学生宿舍时，看见吴国桢把被子踢掉了，还亲手为他盖被。

聪颖好学的吴国桢很快就与年仅16岁的周恩来结为金兰之交。他加入了"敬业乐群会"，当时周恩来是会长，吴国桢被任该会童子部部长。

周恩来逝世后,晚年定居美国的吴国桢甚为哀痛。1982年,得长婿从中国带来当年自己与周恩来结拜兄弟时之照片,吴国桢心中有感,特作诗云:"七十年事,今又目睹。结为兄弟,后来异主。龙腾虎变,风风雨雨。趋途虽殊,旨同匡辅。我志未酬,君化洒土。人生无常,泪断沙埔。"表达了对这位60余年前同窗挚友的深深思念,也对其未能在有生之年与周恩来重逢而遗恨终生。

赴美留学

1921年,吴国桢清华毕业,由于成绩优秀,被保送到美国留学。他先在美国格林奈尔大学主修经济,兼修市政,毕业考试,除了思政课得个B+,其余功课的成绩都是A(最好成绩)。在美期间,他与国民政府驻英大使郭泰祺之弟郭泰桢交谊笃厚,又与宋子文及宋美龄建立了密切的关系。晚年赴台后,文官吴国桢、武将孙立人同遭蒋氏猜疑而被抛弃,孙氏为蒋终生软禁,吴氏却在蒋夫人的关照下安然赴美。晚年,他在回忆中仍称蒋夫人是"很有吸引力和魅力的女人","蒋夫人个人对我和我的妻子一直很好"。战时,国民党高层中甚至传出吴国桢与宋美龄有染的绯闻。此外,吴国桢与宋子文也是过往甚密,甚至在宋氏与蒋介石发生冲突时,宋氏会想到请吴国桢从中疏解。1926年,吴国桢在普林斯顿大学获得政治学博士学位后,启程回国。不久步入仕途,开始其将近30年的宦海生涯。

戏剧性的婚姻

1929年,吴国桢担任汉口市财政局长。一天,他路过一家照相馆,看见橱窗里陈列着一张少女的相片，一下子就被迷住了。他见这位少女的照片是和当时一位名声不大好的电影明星杨耐梅的照片放在一起，便灵机一动，计上心来，想到了打听这位素不相识的小姐芳名的办法。他装着很生气的样子，走进照相馆，质问老板："你们怎么可以把人家千金小姐的相片和这样的电影明星的相片放在一起招揽顾客呢？你们知道不知道，这位小姐是一位有声望人家的小姐？"老板见吴国桢西装革履，胸前还挂着市政府的圆形徽章，知道他是当官的，于是赶紧回答："知道，知道！她是汉阳铁厂黄厂长家的大小姐。"

这位黄厂长名黄金涛，早年也曾在美国留学。黄小姐是黄的长女黄卓群，当时正在上海中西女校读书，因天生丽质，被誉为该校校花。黄放假回汉口时，在这家照相馆拍了一张照片，被老板私下添印放大，陈列在橱窗内，招揽顾客，结果引起吴国桢的青睐。后来，吴国桢在哥哥的安排下，和黄卓群见了面，两人一见钟情。1930年，二人喜结连理，相依相伴走过了一生。半个世纪后，吴国桢已经在美国定居，他的一位邻居曾这样评价黄卓群："吴夫人美丽贤惠，且能文能画，多才多艺。平日除料理家务外，尚能发豆芽，做豆腐，蒸馒头。最令人佩服的，她自己还能缝制西服，手艺精巧，式样大方，不逊于职业裁缝。"

吴国桢事件

1949年12月7日，国民政府迁往台北。一个礼拜后，蒋介石任命吴国桢接替陈诚担任台湾省主席兼保安司令、行政院政务委员，以利用吴国桢"民主先生"的形象，全力争取美援。在担任台湾省主席期间，吴国桢致力于推动台湾地方自治、农业改革，允许某些地方官员职位由普选产生，并试图减少滥用警权。随着美台关系的加强，吴国桢被蒋介石用于向美国示好、拉关系的作用已经不大，吴国桢的地位因此下降，与蒋经国和彭孟缉的特务系统也不断发生冲突，于是蒋介石开始利用机会排斥吴国桢。

1952年复活节期间，吴国桢由日月潭下山，在台中"无锡饭店"用餐，吃过饭后下楼，见司机脸色惨白。原来，吴国桢的座车前轮与主轴联接的地方疑似螺丝松动。1953年4月，吴国桢辞去省主席之职，蒋介石任命俞鸿钧接替吴国桢。1953年5月24日，吴与妻子前往美国，蒋经国、陈诚到机场送行。1954年2月7日，吴国桢接受美国一家电视台的专访，批评国民党"一党专政"，称如不从速实行民主，台湾难以得到美国等西方国家的支持，并表示他出走美国完全是因为与蒋氏父子政见不合，不为所容。此言一出，即在美国引起巨大反响。一周以后，吴接受美国一家通讯社记者采访，再次指责蒋介石任人唯亲，排斥异己，独断专行；国民党钳制言论，大搞特务政治，并要求彻底清查国民党的经费来源。蒋介石闻言恼羞成怒，迅速组织岛内舆论进行围剿，并于3月17日以"总统"名义发布命令，指责吴国桢"背叛国家，污蔑政府，分化国军，挑拨政府与人民及侨胞与祖国的关系，居心叵测"，网罗了十三条罪状，宣布解除吴国桢所有职务，开除党籍。对于有关"违法渎职"罪行，将彻底查办。台湾当局还向美国政府提出引渡吴国桢回台的要求，但遭美国拒绝。

叶公超：弃文从政的"外交部长"

大师生平

叶公超（1904～1981），出生于江西九江，原名崇智，字公超，广东番禺人，著名外交家、书法家。病逝于台北荣民总医院，终年77岁。晚年寄情于书画创作，著有《介绍中国》《中国古代文化生活》《英国文学中之社会原动力》《叶公超散文集》等。

▶ 留学国外的生涯

在广东，叶家可是名门望族。叶公超的曾祖父叶衍兰是清咸丰六年的进士，任军机处章京等职，虽身在官场却不失书生本色，最终辞官回乡办起著名的越华书院，讲学40年，诗词学问富有盛名。其祖父叶佩含精通算术、诗文、书画，曾为三品候补知府。其父叶恭曾和胡汉民、弟弟叶恭绰一起合办萃庐书社，后早逝。抚养叶公超长大的是其叔父叶恭绰，他是孙中山的莫逆之交，著名的书画家、收藏家、政治活动家，曾先后任北洋政府交通总长、孙中山广州国民政府财政部长、南京国民政府铁道部长，以及北京大学国学馆馆长、北京中国画院首任院长、新中国中央文史馆副馆长、全国政协常委等，还曾于1933年创建上海博物馆。

1912年，年仅9岁的叶公超就被叔父叶恭绰远送重洋到英国和美国读了三年书。三年后回国，进入南开学校学习。1919年"五四运动"爆发后，叶公超参加了学校的"学生救国十人团"，结果家人不赞成他天天游行、荒废学业，于是1920年第二次把他送出国门，到美国接受高中及大学教育。从叶公超的教育经历可以看出，他从小学、中学到大学，接受的是全套的英美教育。

在美国爱默思大学，叶公超在著名诗人罗伯特·弗罗斯特的影响下开始写诗。罗伯特·弗罗斯特"只讲究念书不念书，不讲究上课不上课"，叶公超在他的影响下，写出了自己的第一本英文诗集《Poems》。在爱默思大学获得学士学位后，叶公超又转赴英国剑桥大学，师从诗坛领袖艾略特，获得硕士学位。长期的英美留学生涯，尤其是在爱默思大学和剑桥大学所受的人文主义教育，不仅让叶公超成了朱光潜眼里"中国英文最好的人"，而且让他在很多师友的回忆中，具有了一种独特的"绅士"味道：对人友善、自由、开放、洒脱。当然，其直言不讳的性格也非常突出。

叶公超的坏脾气

叶公超的脾气比较差，这是人所共知的。在任暨南大学外文系主任兼图书馆长时，他参与了新月书店和《新月》的创办。虽然他是新月派主要诗人之一，但由于留学期间接触的是弗罗斯特、艾略特这样的大诗人，加之回国后平日里常读之作也是英美新诗，因此他对诗的看法与徐志摩、闻一多诸人不尽相同，而与新月诗人饶孟侃意气相投。但因叶公超的脾性较差，两人之间发生了交恶之事。某日，叶公超与饶孟侃又聚谈某英国诗人，叶取出此人的诗集，翻出几首代表作，要饶读，读过之后再讨论。这天饶很疲倦,读着读着竟睡着了,叶见状大怒,顺手拿起手边的一本书就砸过去了。这一砸,虽未砸到饶,却令饶大惊,至此之后,二人再也没有往日之亲密。

叶公超的坏脾气在婚姻中也时时体现。叶公超在清华教书时,与燕京大学的校花物理系才女袁永熹小姐喜结良缘。起初夫妻之间倒还相敬如宾,然而婚后没过多久,叶公超便暴露出其性格深处的大男子主义和大少爷脾气。某日,同在清华教书的吴宓来叶家聚餐,饭桌之上,因饭菜口味不合,叶公超竟大发脾气。而其妻袁永熹一言不发,直到叶火气消散之后,才不温不火地说:"作为主妇,饭菜不合口味,我有责任。但你当着客人的面发脾气,也是不合适的。"

在台湾做外交部长时,叶公超脾气之大,也是出了名的,其副手——政务次长胡庆育曾这样描述叶公超的脾气:"他的一天有如春夏秋冬四季,你拿不准见他时会遇上哪一季,大家凭运气,可能上午时还好,下午就被骂了出来。"

叶公超与"竹影婆娑室"

1929年秋,叶公超任教清华大学外国语文学系,住北院十一号。他在南窗外种植了毛竹,赋名寓所"竹影婆娑室",并请著名诗人、文学家黄晦闻先生题写横额。叶宅书架遮满墙壁,直抵天花板。在叶公超心中,"书是有生命的东西,有脉搏有感觉的朋友"。深受叶公超赏识的学生常风晚年时常忆起:"恍惚是坐在清华园北院的竹影婆娑室里,恭听先生手里拿着我的稿子,一面给我讲说,一面用铅笔在稿子上画××的情景。"1936年7月,胡适邀请叶公超任北京大学外文系教授,遂迁入城内地安门西大街前铁匠营五号。

主持"断交部"后被罢免

抗战胜利后,叶公超回国任外交部欧洲司司长。1948年冬,国民政府外交部败退广州之初,叶公超决定把外交部的全部档案运到台湾,这使得从清朝起到国民党大陆败退时所有和外国签订的条约、协定等重要文献得以完整无缺地保存,因而得到蒋介石的赞许。当1950年3月1日蒋介石复职"总统"时,叶公超被留任,一直到1958年4月14日调任"驻美大使"为止。在任"外长"期间,不管其外交才能如何娴熟灵活,但均改变不了台湾"外交部"成"断交部"的局面。对许多国家纷纷与台湾当局解除"外交"关系的事实,叶公超下属的一位司长说:"我们现在是开殡仪馆,到处断交闭馆,料理后事而已!"1946年元旦,蒙古脱离中国宣布独立,蒋介石对此一直持反对意见。1961年春夏之交,联合国为蒙古国入会问题,征求叶公超的意见,希望他不要用否决权。叶公超考虑到台湾的"外交"愈来愈孤单,为了扩大国际生存空间,勉强同意蒙古国入会。蒋介石知道后勃然大怒,于是一个急电,把叶公超召回罢黜,叶公超无可奈何。

怒气写竹,喜气写兰

回到台湾后,经别人说情,蒋介石才对叶公超有所宽容,让他出任"行政院院务委员",兼"故宫博物院"管理委员会副主任委员、中山学术文化基金会董事,另还被"中央研究院"聘为评议员。1978年5月20日,又被继任"总统"蒋经国聘为"总统府资政"。但这些闲职难慰叶公超怀才不遇之心,心情甚为忧郁。在其后的20年内,他以练书法和绘画打发时光。曾有一次,他对昔日好友梁实秋说:"怒气写竹,喜气写兰。"其中幽兰出空谷，墨竹淋漓胜青绿，又由于画竹更能抒发他的抑郁心境，故他写竹多于写兰。1981年11月，叶公超于发表在《联合报》上的《病中琐忆》中说："回想这一生，竟觉自己是悲剧的主角。一辈子脾气大，吃的也是这个亏，却改不过来，总忍不住再发脾气。有一天做物理治疗时遇见张岳公，他讲：'六十而耳顺，就是凡事要听话。'心中不免感慨。"

1981年11月20日，叶公超与世长辞，享年77岁。他去世后，黄少谷、钱穆等人在回忆叶公超时，一致认为他生在国家的忧患时代，又投身在世俗的官场之中，可他又难改书生意气，这正是他成为"悲剧主角"的主要原因。也许，这就是历史。

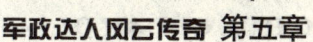

胡乔木：清华"肄业生" 不做"应声虫"

大师生平

胡乔木（1912～1992）。本名胡鼎新，"乔木"是笔名。江苏盐城人。清华大学、浙江大学肄业。1930年加入中国共产主义青年团。1932年转入中国共产党。曾任共青团北平西郊区委书记，共青团北平市委宣传部部长。参与领导北平学生和工人的抗日爱国运动。1935年后，任中国社会科学家联盟书记，中国左翼文化界总同盟书记，中共江苏省临时工委委员。著有《中国共产党的三十年》《胡乔木文集》《关于人道主义和异化问题》《人比月亮更美丽》等。主持起草了《中国共产党中央委员会关于建国以来党的若干历史问题的决议》等重要文件。

▶ 从物理系转到历史系的"肄业生"

胡乔木于1912年生于江苏盐城。少年时的胡乔木喜欢读书、写诗，在扬州省立八中、扬州中学（高中）上学期间，听过中共早期著名领导人恽代英的演讲，从那以后他逐渐接触到马克思主义的一些读物。虽然

他读的是理科班,但却酷爱文史,是校刊的编辑。

1930年,胡乔木高中毕业后考入清华大学物理系,当时清华大学的物理学师资力量是最强的。可是没过多久,胡乔木就转入历史系了,原因是他不想把大量的时间花费在实验上,他想多看些书籍。

在校的胡乔木接触到很多新的思想,开始参加学生运动。后来他又秘密加入了共青团,并迅速成为进步组织读书会的骨干。那时,他曾联系青年教师季羡林去为工友子弟夜校讲课,并反复动员他参加革命,无奈那时的季羡林一门心思搞学问,胡乔木只能失望而去。

1931年,胡乔木被吸收进北平团市委工作,任市委委员兼宣传部长。不久,他因所谓"同情'托派'分子",被调离了该岗位,再加上当时身体不好,遂离开北平,返回南方。

回到家乡后,他被当地的党组织吸收,开展宣传工作,后被国民党特务发觉,不过胡乔木侥幸逃脱了。当胡乔木准备返回北平寻找组织时,他的父亲苦口婆心地劝说他继续上学,完成学业,他只得遵从父亲的意愿,再次走进大学。

▶ 在浙江大学办《沙泉》壁报

胡乔木听从父亲的安排,于1933年下半年,经上海到达杭州,在浙江大学外语系插班读二年级。胡乔木在这里结识了浙江大学学生会主席施尔宜(后改名施平)。

施尔宜是中共地下党员,当胡乔木来到学校后,他找到胡并让他办壁报,宣传抗日救国的思想,取名《沙泉》,意思是"沙漠里的一股清泉",是指在浙大这片"沙漠"之中,还有可以涌出"清泉"的一方之地。

当时,有一份英文报纸叫《中国论坛报》。有一次,胡乔木看到报纸上有一幅插图,上面画的是一位苏联农民肩扛锄头,胡乔木把它剪下来作为《沙泉》的刊头画贴了出来,结果被当时的校长郭任远看到了,郭任远迅即下令追查《沙泉》是谁主编的。结果发现,撰稿、编辑、抄写,全是外语系学生胡乔木一个人。于是,郭任远找胡乔木"训话",他单刀直入地指出,这幅画是从《中国论坛报》上剪下的,这报是共产党办的,并强令胡乔木交代是从哪里弄到这张报纸的。胡乔木装作大吃一惊的样子,忙说:"我是从大街上拾到的。看这画画得不错,就剪下张贴了,我不知道它是共产党办的呀。"其实这张报纸是陈延庆从上海寄给胡乔木的。胡乔木的说辞让郭任远无话可说,郭只好交代胡乔木壁报不准再办了。壁报被停办后,胡乔木无事可干,于是就在外语系组织读书会,利用同学都懂外文的有利条件,组织大家读马克思主义的外文原著,在提高同学们政治觉悟的同时,自己也快速进步。

被浙大"开除"

当时浙江大学的校长是郭任远,他在"党化教育"的办学宗旨下,用法西斯式的思想来办学,一上任就公布了《学生团体组织规则》,规定"本大学学生团体,除学生自治会应遵照中央规定办法办理外,其余各项团体,非经本大学核准,一概不得组织。本大学学生团体经备案后,如有违背会章或逾越范围之行动,本大学可随时撤销备案"。他还成立了军事管理处,学生的一切活动都在"军管"范围之内,并任意给学生记过或开除处分。

虽然胡乔木因"插图"事件已停办壁报,但郭任远仍对此耿耿于怀,并认定胡乔木是一个赤色分子。正当胡乔木准备读大四时,郭任远通知教务人员，把胡的考试成绩由80多分改为50多分，意思是要因成绩不及格开除他。

果然，校方以成绩不及格为由，将胡乔木等10余名进步学生开除。这事被年轻的政治经济学副教授兼注册课主任费巩知道了，他觉得胡乔木是一个品学兼优的学生，便去找郭任远申辩。郭任远对费巩说："香曾（费巩的字），此事你就不必多问了。你心里应该明白，学校不能允许宣传共产主义，不许煽动闹事。"费巩反驳说："学生满腔热忱，要求政府抗日，非常可贵。每个有良心的中国人都应有之，何以定罪为煽动闹事……"但郭任远不为所动，胡乔木就这样被"开除"了。

被开除的胡乔木并没有离开杭州，他继续同外语系教师陈逵、同学陈怀白等保持密切联系，当时他们三人都是中共地下党员，胡乔木通过他们把党的指示、革命思想传播到了浙江大学。

后来浙大因不满郭任远的治学方针而爆发了一场"驱郭运动"，在这次运动中，教师纷纷辞职，学生则要求赴南京请愿，而郭任远也从此不敢来学校上班了。最后，教育部只得将郭任远撤职，改换竺可桢接任浙江大学校长之职。

这时，胡乔木在上海已是进步团体中国社会科学家联盟的常务委员了，不久他又成为中国左翼文化界总同盟的宣传部长。当时胡乔木的浙江大学外语系女同学王作民还向中共上海中央局文化工作委员会（简称"文总"）书记周扬的夫人苏灵扬介绍胡乔木，后来周扬了解到胡乔木的经历，同时又很赏识胡乔木的才干，于是提名胡乔木接任"文总"书记一职。

1937年7月，胡乔木奉命抵达了革命圣地延安。

中共中央一枝笔

胡乔木到达延安后，很快便以其文笔好而获得毛泽东的青睐，便一直追随毛泽东，毛泽东谈起乔木写文章，表示很满意。他把手平放在前，离地面约有两三尺高，比划着说，"乔木写的东西，大概有这么多！"

胡乔木对工作也是一丝不苟的，那是在1982年，为纪念延安文艺座谈会四十周年，会议小组在整理发表毛泽东同志1938年在鲁迅艺术学院关于文艺问题的一次讲话时，录稿中的一句话没有查清出处，这句话是："徐志摩曾说过这样一句话：'诗要如银针之响于幽谷。'"报胡乔木审阅后，他特别提出要查明此句的出处，他怀疑"银针"是"银铃"之误。经查核，从鲁迅《华盖集续编》的《有趣的消息》一文中，果然有"银铃之响于幽谷"这句话。而这句话是鲁迅转述徐志摩的话时说的。这样，经过反复核对，终于查明了记录稿上的一个讹误。由此可见胡乔木对编辑工作要求之严格，他的博闻强记，知识之渊博也由此可见一斑。

胡乔木长期担任主席秘书、政治局秘书，起草、整理、修改了一系列载入史册的重要著作、文件，人称"中共中央一枝笔"。1949年后，他参加起草了《中国人民政治协商会议共同纲领》和《中华人民共和国宪法》等中共"八大"文件，参加编辑《毛泽东选集》第一至第四卷，并根据中共中央政治局的讨论，写出了产生过重大影响的《再论无产阶级专政的历史经验》。

乔冠华：外交部长的才情人生

大师生平

乔冠华（1913~1983），江苏省建湖县庆丰镇东乔村人，他早年留学德国，获哲学博士学位。抗日战争时期，主要从事新闻工作，撰写国际评论文章。1942年秋到重庆《新华日报》主持"国际专栏"，直至抗战胜利。1946年初随周恩来到上海，参加中共代表团的工作，同年底赴香港，担任新华社香港分社社长。中华人民共和国成立后，历任外交部外交政策委员会副主任、外交部部长助理、外交部副部长、外交部部长等职。1976年后，任中国人民对外友好协会顾问。

▶ 天资聪颖进清华

乔冠华于1913年出生在江苏省盐城县东乔庄（现江苏省建湖县庆丰镇东乔村）的一个地主兼工商业者家庭，父亲是个开明的士绅。幼年时，他天资聪颖，有过目成诵之誉。早年在盐城第二高等小学、宋村亭湖中学、盐城淮关中学上学，由于学习成绩优秀，他在初中时几次跳级插班。1929年夏天，乔冠华中学毕业后，准备报考大学。当时是到上海

考的,就住在他的侄子乔宗秀家里准备考试。在备考期间,乔冠华趁机读了不少课外书籍,并开始接触马克思主义,在了解马克思主义哲学之后,他坚信马克思主义是能够救中国的真理。

当时乔冠华报考了两所大学,一所是清华大学,另一所是武汉大学。考完了就等着发榜,结果出乎他的意料,两所大学都给他发出了录取通知书。经过一番比较权衡,乔冠华选择了位于北平的清华大学。儿子考上了大学,父亲乔守恒自然十分高兴,他再三关照乔冠华:我们家上几代都是科举有功名的,家里男人都是闻名乡里的秀才。只是到你祖父一代,因没文化而遭无赖的戏弄。到了我这一代受辛亥革命影响,功名没有了,我也不再期待了。只是希望你寒窗苦读,完成高等教育。可是家里经济条件并不宽裕,每年收的地租仅够维持生计。尽管当时清华大学每月只需三块大洋的学膳费,父亲还是费了很大劲,才想方设法凑足了数,让乔冠华带上。乔冠华就这样开始了自己的大学深造之路。

留学德国再次深造

清华毕业后,乔冠华赴德国图宾根大学留学。在23岁那年,他以优异成绩获得德国哲学博士学位。德国哲学博大精深,晦涩艰深,能取得德国哲学博士学位的中国人,在当时可说是凤毛麟角。在德国留学期间,正值第二次世界大战前夕,国际风云变幻,局势日趋紧张,帝国主义国家争夺激烈,疯狂扩军备战,军事问题一时成为国际问题的焦点。乔冠华在德遇到国民十九路军的朋友赵一肩,两人对国际局势看法一致,志同道合,他们利用课外的一切时间钻研军事科学,特别研读了德国著名军事理论家克劳塞维茨的三卷本《战争论》。除钻研《战争论》外,这位年轻的哲学博士在德国留学期间又自开新课,他广泛研读了欧洲的战争史和军事地理等方面的书籍，为他日后写出大量如同身临其境又不同凡响的国际评论文章奠定了坚实的基础。

回国革命

抗日战争爆发后，国土沦丧，国家危难，乔冠华胸中燃烧着正义的烈火，他放弃了国外优裕的生活学习环境，打消了在哲学"纯学术"领域深造的念头，毅然回到祖国，投身于抗日救亡运动。回国后，他先是在香港余汉谋主办的《时事晚报》做总编辑，开始发表政论、国际评论文章。1939年，廖承志、连贯介绍他加入了中国共产党。1941年，乔冠华出任香港《华商报》《大众生活》编委。1942年秋季，乔冠华到重庆《新华日报》工作，主持"国际专栏"，直到抗战胜利。在这国内外局势大变动的时期里，乔冠华的工作几经变动，但他一直没有从事所学的专业——哲学研究，而是紧密联系如火如荼的斗争实际，写出了一系列脍炙人口并有重要影响的国际述评文章。他的心与祖国一起，在战火中接受着锻炼。

真知灼见的预言家

1940年6月9日，德军向法国马其诺防线发起全面进攻。在遥远的东方，当这一消息传来后，在香港一家咖啡店嘈杂的地下室里，一大群中外记者对战局作各种猜测和设想。乔冠华大口吸烟，一言不发，倾听大家争论。忽然，他起身挥手打断众人的话语，说："6月9日是法军最黑暗的一日。刚才听了诸位的许多高见，似乎还抱着很大的希望，实

在大局已定……我可以告诉大家,三天以后,巴黎将不战而降!"当时在座的许多知名记者纷纷摇摇头,不以为然,认为:决战正在进行,胜负未见分晓……甚至有人愤怒地质问:"你怎能这样说!"乔冠华掐灭烟头,自信地说:"这不是一句话可以回答的,诸位请看以后的报纸好了。"就在众人争论不休的第四天,6月13日,法国投降,德军开入巴黎。6月22日,德法停战协定签字,6月24日,法意停战协定签字。战局的发展,证实了乔冠华的预言。随即,乔冠华在发表的《法国的崩溃》一文中平静地写道:"25日太阳出来的时候,在西线依然是美丽的河流,美丽的田野,但西线消逝了。"

中国"二乔"同领风骚

中国历史上的三国时期,有"风流姿色天下闻"的"江南二乔"。在20世纪的中国共产党内,也有"二乔"并世而出。他们一位是卓越的马克思主义理论家,曾担任毛泽东秘书25年之久的胡乔木;另一位即是担任共和国第四任外交部长,活跃在国际外交舞台上的乔冠华。他们二人可谓"风流文采天下闻"。有趣的是,胡、乔二人都是江苏盐城地区人,两家住地相距不过几里。乔冠华比胡乔木小一岁,念完中学后,两人又是北京清华大学的同学。青少年时期,"二乔"没有什么来往,但两人不约而同地走上革命道路,四十年代两人又不约而同地用"乔木"的笔名发表文章,那时,人们常以为"乔木"是一人。当年,由"乔木"署名的文章,犀利无比,誉满天下,人们搞清楚有两个"乔木"后,就把在延安工作的胡乔木称为"北乔"。把在香港、重庆活动的乔冠华称为"南乔"。新中国成立后,周恩来建议分开叫,乔木就是胡乔木,乔冠华还是用学生时代的名字——乔冠华。

一言难尽爱国情

1977年3月，乔冠华突发心肌梗塞，住了一个时期的医院。没过多久，更大打击接踵而来，1978年8月，他被确诊为肺癌，住进了北京医院。

1982年12月22日下午，乔冠华在中南海受到中共中央总书记胡耀邦委托的习仲勋、陈丕显的接见，他们两位详细询问了乔冠华的病情。乔冠华非常激动，尽管当时他知道自己癌症已经扩散，但他仍说："虽然我病了，我还是希望投身工作，最后为党做些贡献。"后来乔冠华被安排在中国人民对外友好协会担任顾问。

1983年秋，乔冠华病情急剧恶化，入院不久就处于昏迷状态，老友闻讯匆匆赶来。9月21日，夏衍来了，他是乔冠华相交近半个世纪又十分敬重的老友，一声压低的呼唤使"老乔"睁开眼睛。夏衍问他有何话说，乔冠华只说了一句，是他喜欢的宋词，充满爱国主义情调，文天祥《过零丁洋》里的"人生自古谁无死……"第二天，也就是1983年9月22日上午，乔冠华静静地停止了呼吸。23日，《人民日报》第四版中间位置上登出一条简短的讣告："新华社北京9月22日电，中国人民对外友好协会顾问乔冠华同志因患肺癌，于今日上午10时40分在北京逝世，终年70岁。"

第六章

科学巨匠爱国情怀

清华传奇

Chapter 6 科学巨匠爱国情怀 第六章

竺可桢：不畏艰难以求真知

大师生平

竺可桢（1890~1974），字藕舫，又名绍荣，浙江上虞人，著名的科学家和教育家，当代著名的地理学家和气象学家，中国近代地理学的奠基人。幼年在私塾里读书，中学时学习非常刻苦，考入唐山路矿学堂。1910年考取了"庚款"留学生，获得博士学位后回到祖国。回国后在武昌高等师范学校和南京高等师范学校执教，1920年在东南大学担任教授，主持建立了地学系并亲自担任系主任。在学校改为中央大学初期再次担任地学系主任，1936年4月，担任浙江大学校长。1948年当选中央研究院院士。1955年当选中国科学院院士，之后先后担任中国科学院副院长、地学部主任、综合考察委员会主任，中国科协副主席，中国气象学会名誉理事长，中国地理学会理事长。主要作品有《中国之雨量》《中国之温度》《中国气候资料》等。

嗜学如命的小个子

1890年3月，竺可桢出生在浙江上虞一个普通的粮商之家。竺可桢

的父亲见孩子又白又胖，于是就给他起名叫兆熊，小名叫阿熊。后来到了上学的年纪，父亲觉得应该给孩子起一个好听的学名，于是请来了镇上的私塾先生，私塾先生想了想说："不如就叫可桢吧，古时候筑土墙时用的木柱子称作桢干，可桢的意思就是国家的栋梁。"

在竺可桢一岁半的时候，父亲便开始教他识字。有一天，父亲要去外地办事，不能教竺可桢识字，竺可桢从母亲的怀里挣脱出来，非得让父亲教完字才能走。竺可桢刚满3岁的时候，已经能认识很多的单字，还能背诵《游子吟》等好多唐诗呢。

5岁的时候，竺可桢跟随私塾先生开始学习四书五经，7岁时开始练习写作文。竺可桢的哥哥比他大14岁，是镇上有名的秀才。在竺可桢幼年阶段，哥哥教给了他很多学问。有一天晚上，哥哥教竺可桢写文章，竺可桢写了一遍觉得不好，开始重写，一遍又一遍，直到他满意为止。那天晚上，等他们上床睡觉的时候鸡已经鸣叫了。

竺可桢不仅喜欢学习，而且喜欢动脑筋。由于家乡经常下雨，竺可桢经常趴在窗前或蹲在屋门口看下雨，一次他发现了石板上有一排小坑，没想明白，随即向母亲请教。小学毕业后，15岁的竺可桢进入上海澄衷学堂学习，由于他个子很矮，体重很轻，和同龄的孩子相比，看上去又瘦又小，经常被同班同学讥笑短命，绝对活不过20岁。为此，竺可桢坚持锻炼，从没请过病假。1908年春，离中学毕业还有三个月，班上同学提议更换图画教员，遭到学校拒绝后，全班同学实行了罢课。暑假过后，竺可桢进入复旦公学，不幸的是，在这个时期，母亲病逝，竺可桢悲痛欲绝。为了告慰母亲的在天之灵，竺可桢发奋苦读，五次考试都名列全班第一。

Chapter 6 科学巨匠爱国情怀 第六章

▶ 8年深造几经波折

结束了中学阶段的学习之后，竺可桢以优异的成绩考入唐山路矿学堂主攻土木工程系。在大学期间，竺可桢学习非常用功，因此成绩总是名列榜首。

1910年，20岁的竺可桢考取了清华公费留学生。这个时候，竺可桢觉得农业是百业的根本，国家要想发展首先要搞好农业，所以，他放弃了自己的专业，在美国伊利诺斯大学学习农学。除了刻苦攻读外，竺可桢常常利用假期的时间去美国南部进行考察。其间，竺可桢渐渐发现自己对气象学产生了浓厚的兴趣，随即来到哈佛大学主攻地质系。1915年，竺可桢获得了哈佛大学气象学硕士学位，此后留在哈佛继续攻读博士学位。在这时期，竺可桢发表了《中国之雨量及风暴学》和《台风中心之若干新事实》等论文，两年后，竺可桢被美国地理学会纳为会员。

不幸的是，在竺可桢在外留学的8年期间，他的二哥、大哥和父亲相继去世，竺可桢的精神受了很大的打击，甚至一度对他的学术研究产生了严重的影响。1918年，竺可桢完成了他的学术论文《远东台风的新分类》，获得了博士学位。同年，竺可桢回到了阔别8年之久的祖国。

▶ 为祖国的发展呕心沥血

回到祖国之后，竺可桢在武昌高等师范学校任教，主要讲授地理和天文气象课。由于在"五四运动"中庇护爱国学生，竺可桢与武昌高等师范学校校长不合。两年之后，竺可桢离开了武昌，转而来到南京，在南京师范高等学校讲授气象学和地质学。

1920年，南京师范高等学校改成了东南大学，在竺可桢的积极争取之下，成立了地学系，竺可桢亲自担任系主任。之后，由于东南大学发生动乱，竺可桢离开后在商务印书馆任专职编辑。后来东大风波平息，竺可桢回到东大继续担任地学系主任。他一面主持日常行政工作，一面教授地学通论、气候学、气象学等课程。1927年，在蔡元培的推荐下，竺可桢担任了刚刚成立的气象所所长。在他的努力之下，全国建立气象台10处，测候处150处，雨量测候所1000处。1936年，金陵大学的一位教授和两个日本人一起参观北极阁，态度非常恶劣。竺可桢一气之下，将他们轰出了气象所。

同年4月，竺可桢出任浙江大学校长。他出任校长后主要干两件事，整顿学校纪律和网罗人才。训导处长费巩一向清高自傲，曾经当面讽刺竺可桢，可是后来竺可桢力排众议，破例聘请他担任学校的训导处长。

抗日战争爆发之后，竺可桢团结全校师生，携带图书仪器，历经浙江建德，江西吉安、泰和，广西宜山等地，来到贵州遵义和湄潭。在极端艰苦的条件之下，他不但积极组织师生上课，而且还以饱满的热情积极支持抗战。之后，由于体力不支，竺可桢一度辞掉了气象所所长的职务，在重庆一家气象所工作。当他得知后来很多珍贵仪器在转移当中丢失和损坏，非常心痛。在民主爱国的学潮中，竺可桢始终站在进步学生一面，保护浙大师生的爱国行为，积极营救了不少进步人士和革命青年。

▶ 为人民的事业鞠躬尽瘁

1949年4月，竺可桢积极组织浙大学生迎接解放。同时，电告国民党政府，坚决拒绝执行迁往台湾的命令。为了避免国民党当局迫害，竺可桢在上海隐居了半年，直到全国解放为止。竺可桢积极参加了全国人

民政治协商会议,为新中国的建设出谋划策。新中国成立之后,竺可桢被任命为中国科学院副院长,同时兼任中国科学院生物学地学部主任、中国地理学会理事长、全国科学技术协会副主席等职务。他积极着手组织成立了中科院地理研究所,主持完成了中国自然区的划分、制定国家大地图案等工作。同时,积极投身于海南岛、雷州半岛和广西南部进行考察。

1951年,竺可桢组织筹建了西藏工作队,同年还组织了黄河中游水土保持综合考察队。1956年,竺可桢领导创建了中国科学院综合考察委员会,并担任主任职务。在他的带动和领导之下,先后进行了四次规模巨大的考察活动,主要包括西藏高原和康滇横断山区研究,新疆、青海、甘肃、内蒙古地区的考察研究,热带地区特种生物资源的研究和主要河流水利资源的考察研究。在竺可桢的领导下,中科院先后建立了6个综合考察队。

1959年,在竺可桢的倡导下,中科院在全国设立了六个治沙综合试验站。沙坡头试验站就是在竺可桢的倡导下建立的。他曾经三次深入沙漠考察,足迹踏遍了内蒙古、河西走廊和新疆。

1963年,竺可桢先在云南西双版纳、思茅热带地区进行了大量的科学考察,此后又辗转到了宁夏中卫沙坡头、营盘水等地视察治沙工作。当看到一路上居民在滥伐红柳,他非常痛心,对随行的科委工作人员提出了严禁砍伐红柳的建议。

进入70年代之后,中美关系逐渐回暖,很多滞留海外的华人科学家开始回国访问。作为国际知名学者和中科院的副院长,竺可桢责无旁贷地承担了大量的接待工作,为发展民间外交和对外科技合作发挥了重要作用。

茅以升：造桥炸桥皆因爱国

大师生平

茅以升（1896~1989），字唐臣，江苏镇江人。我国著名桥梁学家、土木工程学家、教育家、社会活动家。茅以升早年就学于南京思益学堂，1905年考入江南商业学堂，毕业后进入唐山路矿学堂学习。1916年毕业后，被清华学堂官费保送赴美留学，次年获得了美国康奈尔大学土木专业硕士学位。1921年，获得梅隆大学理工学院工学博士学位，他的博士论文《桥梁桁架次应力》，被称为"茅氏定律"，并因此获得了康奈尔大学优秀研究生"斐蒂士"金质研究奖章。回国后，在交通大学唐山学校担任教授、副主任兼总务主任。以后历任东南大学工科主任、河海工科大学校长、北洋工学院院长、杭州钱塘江桥工程处处长、国民党政府交通部桥梁设计工程处处长等。建国后，历任北方交通大学校长、铁道科学研究院院长、中国土木工程学会第三届理事长、中国际桥梁及结构工程协会高级会员、国际土力学及基础工程协会会员等。作品主要有《中国古桥技术史》《中国桥梁——古代至今代》《钱塘江桥》《武汉长江大桥》《茅以升科普创作选集》《茅以升文集》等。

Chapter 6 科学巨匠爱国情怀 第六章

勤奋少年胸怀天下

1896年，茅以升出生在江苏镇江一个经商世家。祖父是清末举人，思想很进步，积极支持革命，曾经创建了《南洋官报》，是镇江的名士。茅以升出生不久，全家迁到了南京居住。

茅以升3岁时就开始接受母亲的启蒙教育，6岁时，他和别的孩子们一样进入私塾读书。1903年，7岁的茅以升进入南京创办的国内第一所新型小学——思益学堂学习。茅以升从小非常好学，善于独立思考问题。1906年端午节，家乡举行龙舟比赛，乡亲们挤在文德桥上看比赛，由于文德桥年久失修，再加上上去的人太多，桥突然坍塌，砸死、淹死不少人。当时茅以升闹肚子，没有挤上去，才幸免于难。这件事情深深震撼了茅以升的心。他暗暗下决心，一定要造出结实牢固的桥，让此类事件永不再发生。从那以后，只要看到桥，茅以升都会认认真真地从桥面观察到桥柱，不管是石桥还是木桥，从没有忽略过。进入学堂之后，茅以升在书本上看到了很多关于桥的文章和段落，他都抄在本子上。时间一长，积攒了厚厚的几大本子。

少年时代的茅以升，除了喜爱自然科学外，还爱好古典文学。他对《水浒传》和武侠小说很感兴趣，常常达到如痴如醉的境地。他常以背诵诗词为消遣，每天早上，都会背诵古诗古文，不论刮风下雨从来没有耽误过，经过几年的不懈努力，他不但能背诵大量的唐诗宋词，即使对先秦的散文也能背诵十多篇，因此增强了记忆力。

一次，茅以升的祖父练习书法，当时写的是《东都赋》，当爷爷写完之后，茅以升竟然能倒背如流。祖父非常兴奋，一个劲儿地夸奖茅以升记性好。茅以升善于抓住一些可以利用的机会来训练自己的记忆力。据说他对圆周率非常感兴趣，能背到小数点后一百多位。

他用顽强的意志创造了奇迹

1911年,15岁的茅以升升入唐山路矿学堂攻读土木工程系。那年秋天,辛亥革命如火如荼地进行着,很多青年学生投笔从戎,血气方刚的茅以升也蠢蠢欲动。就在他进入大学后的第二年,孙中山来到唐山路矿学堂演讲。听了孙先生的精辟言论,茅以升更加坚定了"工程建国"的道路。从那以后,茅以升学习更加刻苦,每次考试,都名列第一。五年内,各科成绩都在90分以上,这在唐山路矿学堂的历史上从来没有过。之后,在清华学堂的积极努力之下,茅以升被官费保送到美国留学。在美国康奈尔大学研究生入学考试中,茅以升极其优异的成绩让学校的教授大为震惊。

在1917年的毕业典礼上,康奈尔大学的校长宣布,唐山路矿学堂的学生从今以后全部免试入学。在美国留学期间,茅以升虽然主攻桥梁专业,但为了增强自己的记忆力,他选择的第一副科就是高等数学。为了能早日学成回国,茅以升以顽强的意志常常挑灯夜战,仅用了一年时间就攻取了硕士学位。获得硕士学位之后,康乃尔大学名教授贾柯贝邀他留校做助教,茅以升婉言谢绝了,贾柯贝很欣赏茅以升,随即介绍茅以升到匹兹堡桥梁公司实习。无论在桥梁工程的理论上还是实践上,匹兹堡桥梁公司的实力都是当时世界一流的。实习期间,茅以升利用业余时间在卡内基理工学院夜校攻读工学博士学位。1919年,茅以升获得了卡内基理工学院的博士学位,毕业时的论文《桥梁桁架次应力》的创见被建筑学界称为"茅式定律",并因此而荣获优秀研究生"斐蒂士"金质研究奖章。

在教育战线上呕心沥血

1920年初，茅以升登上远洋轮船，毅然返回自己的祖国。回国后受到唐山路矿学堂邀请担任工科教授。第二年，茅以升离开了母校，前往交通大学唐山学校担任副院长。1922年，茅以升被东南大学聘为教授。1923年，在他的积极努力之下，东南大学设立了工科，并且担任第一任工科主任。1924年，东南大学工科与河海工程专门学校合并，成立河海工科大学，茅以升任校长。1926年受聘于北洋大学教授，两年后担任北平大学第二工学院院长。1930年，担任江苏省水利局长，主要负责象山新港的规划建设。

在教学中，茅以升积极建议改革落后的教学体质和课程设置。他认为教师不仅仅是授业，更重要的是培养学生主动学习的习惯和能力。在教学中，他治学非常严谨，授课时根据学生的知识水平，用事例解释理论概念，让学生领会透彻。对于教学中老师把学生当作"受体"，进行灌注的现象，茅以升极力反对。

除此之外，茅以升还尝试了一些新的教学方式。在每次上课之前，他都会指定一名学生，让他就课程提问题。通过学生所提问题的难易程度，就可以判断他对知识的掌握和领会的程度。如提不出问题，则由另一学生提问，前一学生作答。

当时，著名的教育家陶行知得知茅以升这种新的教学方式后，亲自带学生前来听课。陶行知认为，"这是个教学上的革命，值得推广"。

圆梦钱塘江

1933年，出于浙赣铁路兴建的需要，钱塘江必须要架设一座大桥，

但是国内的技术人员认为这是一件十分困难的事情，几乎办不到。这时有人想起了桥梁专家茅以升。在浙江省的邀请下，茅以升辞去所有的教职工作，担任了钱塘江桥工委员会主任委员、钱塘江桥工程处处长职务，邀请了康奈尔大学同学罗英任总工程师，热火朝天地干了起来。

在修桥期间，碰到了重重困难，在茅以升的带领下，工程技术人员克服了一个又一个技术难题，保证了大桥工程的进展，仅仅用了两年半的时间，整个工程就到了收尾的阶段。当时淞沪抗战正在吃紧，日军飞机经常来轰炸，在上海保卫战打响的第二天，三架日军飞机来工地轰炸，当时茅以升正在6号桥墩的沉箱里和几个工程师及监工员商量问题，突然一片漆黑，原来工地关闭了所有的电灯。此后，在茅以升的带领下，建桥的工人们冒着敌人炸弹爆炸的尘烟，夜以继日地加速赶工。1937年9月26日，大桥顺利完工，极大地方便了抗日军用物资的运输。

1937年11月，南京派人传达了政府的指示，要求炸毁钱塘江桥，因为如果杭州不保，钱塘江大桥就等于是给日本人造的了，炸桥所需炸药及爆炸器材也随同来人一起运到了杭州。

就在大桥被炸毁的这天晚上，茅以升立下誓言："抗战必胜，此桥必复。"大桥炸毁后，茅以升带领着桥工处的所有人员迅速后撤，有关大桥建设的14箱重要图表、文卷、相片一并带走。在辗转途中，茅以升舍弃了很多家什，却将这些珍贵的资料尽数保存下来。抗日战争胜利后，在茅以升的带领下，1948年3月钱塘江大桥修复完成。

▶ 建国后雄姿勃发

1950年，茅以升被任命为铁道技术研究所所长，同年中华全国科学

技术普及协会成立,他当选为副主席。1952年,茅以升参加九三学社,后任中央副主席。同年在他的积极努力下,中国土木工程学会组织成立了土力学小组,举办土力学学术交流和普及讲座。

1955年,茅以升担任武汉长江大桥技术顾问委员会主任委员,接受修建武汉长江大桥的任务。两年之后,武汉长江大桥举行落成典礼。1958年,茅以升主持修建了人民大会堂。

为了加强国际间的交流,茅以升曾经率团访问捷克、苏联、意大利、瑞士、法国等国并作学术报告,而且在华侨知识分子中积极从事大统一、大团结工作。

除此以外,茅以升积极参加人民政权的建设,先后担任全国人大代表、常委,全国政协副主席。历任国务院科技规划委员会委员、中国科学院技术科学部副主任、中国科学技术协会副主席等职务。

邓稼先：许身报国壮山河

大师生平

邓稼先（1924~1986），安徽怀宁人，著名核物理学家，中国科学院院士。早年在父亲的指导下，积累了一定的文化基础。1935年考入志成中学读高中，期间结识了杨振宁。1937年，北平沦陷后，参加了抗日聚会。1941年，考入西南联大。抗战胜利后，北大迁回北平，被聘为物理系的教授助理。1948年，考取了留美研究生，在印第安纳州的普渡大学物理系研究生院就读。1950年，取得了博士学位之后，迅速回到了祖国。回国后，先在原子能研究所担任助理研究员，两年后被提升为副研究员。1958年，义无反顾地接受了组织和领导我国核武器研制的任务。1972年，担任核武器研究院副院长，7年之后，升为院长。1984年，指挥中国第二代新式核武器试验成功。1986年7月，国务院授予"五一"劳动奖章。

▶ 爱国少年的坎坷求学路

1924年6月，邓稼先出生在安徽怀宁的一个书香之家。祖父曾任安徽教育司长，是清代著名书法家和篆刻家，父亲是我国著名的美学家

Chapter 6
科学巨匠爱国情怀 第六章

和美术史家，曾担任清华大学、北京大学哲学教授。邓稼先出生后8个月，母亲带着他来到了北京，住在丰盛胡同。邓稼先四五岁的时候，每天都要背诵《左传》和《论语》等古书。除此之外，他还读外国名著。

1929年，5岁的邓稼先开始上小学。先在武定侯小学，四年级时改上四存小学。其间，父亲介绍他读了莫泊桑、屠格涅夫、陀斯妥耶夫斯基等名家写的小说。父亲不仅安排邓稼先跟随一位王老先生学习国文，还亲自担任邓稼先的英语辅导老师。

1935年，11岁的邓稼先考入了志成中学，第二年转到了崇德中学。由于崇德中学是一所教会所办的学校，对英语的要求非常高，所以邓稼先的英语水平迅速地得到了提高。在这里，邓稼先交到了一个非常要好的朋友杨振宁。和杨振宁的交往引起了邓稼先对理科的浓厚兴趣，尤其迷恋数学，甚至到了如痴如狂的地步，每天晚上都要学习到很晚。

抗日战争爆发之后，北平随即沦陷。邓稼先除读书之外，开始秘密参加抗日聚会，谈论国家的命运和前途。当时规定，中国百姓见了日军要行礼，为此邓稼先宁可多走几里地，避开日军，也不给他们行礼。

一次，日军逼迫市民和学生为他们庆祝胜利。结束后，邓稼先恼怒地扯碎了小纸旗，扔在地上踩了一脚，结果碎纸被狗腿子发现了。鬼子找到了校长来追究此事，校长搪塞完之后，迅速找到了邓稼先的父亲，把情况一五一十地说了，于是在父亲的安排下，邓稼先随同大姐去了抗战的大后方昆明。

在四川江津读完高中后，1941年，16岁的邓稼先考入西南联合大学物理系，跟随王竹溪、郑华炽等著名教授学习物理学。除了在学业上一丝不苟之外，邓稼先还阅读《新华日报》，有时也看些进步的杂志，慢慢地开始接触思想进步的同学和地下党员。

从中学教师到娃娃博士

1945年,抗日战争全面胜利。邓稼先以优异的成绩圆满完成了大学四年的学业,拿到了毕业证书。之后,邓稼先在昆明培文中学教了一年的数学,之后转到文正中学又教了一年,等待机会返回北平。在这期间,昆明爆发了震惊抗战大后方的"一二·一"惨案,邓稼先在好友的介绍下,加入了共产党的外围组织"民青",投身于争取民主、反对国民党独裁统治的斗争中。

第二年,邓稼先顺利回到了北京,被北京大学物理系聘为教授助理。在不断高涨的学生运动中,邓稼先积极参加了北大理学院的进步运动,热情支持民主学生运动,还担任了北京大学教职工联合会主席。

1948年夏,邓稼先考取了留美研究生,他来到了印第安纳州的普渡大学物理系研究生院攻读物理系。在学习之余,邓稼先参加了进步留学生团体"留美中国科学工作者协会",并且担任了干事之职。

由于他学习成绩突出,不足两年便读满学分。得知新中国成立之后,邓稼先迅速写好了论文,顺利通过答辩,获得了博士学位,此时他只有26岁,人称"娃娃博士"。他的恩师和好友挽留,希望他留在美国,为自己奔一个好的前程,邓稼先婉言谢绝了。在获得学位后的第九天,就登上了开往上海的"威尔逊号"轮船。和邓稼先一样期盼早日回国的留学生和学者有一百多人,他们冲破了美方的重重阻挠,在1950年国庆前夕回到了祖国的怀抱。

回国后,邓稼先来到刚刚成立的中国科学院近代物理研究所,也就是后来的原子能研究所担任助理研究员,从事原子核理论研究。两年后,他被提升为副研究员。1953年,时年28岁的邓稼先与人大常委会副委员长许德珩的长女许鹿结婚。1954年,邓稼先如愿以偿地加入了中国共产党。

义无反顾投入一生

1958年,第二机械工业部的副部长钱三强找到了邓稼先,征求他的意见,问他是否愿意参加原子弹的研制工作。邓稼先想也没想,一口答应了下来。他等这一天等得太久了。由于工作性质的严格保密性,回到家里,邓稼先没有对妻子说实话,只是说"要调动工作",以后不方便照顾家庭和孩子了,而且联系也非常困难,知书达理的妻子表示坚决支持邓稼先的工作。从那以后,邓稼先似乎突然从人间蒸发了一样,从人们的视觉中悄悄地消失了。

在就任第二机械工业部第九研究所理论部主任后,邓稼先来到北京各大高等院校,挑选了一批大学生,组织起了第一批研制原子弹的队伍。他带着这支队伍来到了北京郊外的一片庄稼地里,开始了战斗。

1959年,中苏关系恶化,苏联单方面停止了原有的协议,调走了专家,原子弹研究工作一度陷入了瘫痪。邓稼先毅然挑起了大梁,负责原子弹的理论设计,同时积极部署各个部门分头研究计算,自己带头攻关。

1962年9月,在邓稼先的努力之下,第一颗原子弹的理论设计方案成功完成了。在这个方案的基础之上,第二机械工业部党委向中央呈交了相关的报告。后来政治局作出决定,确定了原子弹爆炸的最终时间。1964年10月16日下午,冉冉升起的蘑菇状烟云向全世界宣告中国第一颗原子弹爆炸成功。之后,邓稼先继续领导了研制氢弹的新任务。1966年底突破氢弹原理,次年6月,成功爆炸了中国第一颗氢弹。

邓稼先长期担任核试验的领导工作,在最关键、最危险的时候总是出现在第一线。在生死关头,他总是站在操作人员的身边,给人巨大的鼓舞和安慰。

有一次,出现降落伞事故,原子弹坠地,摔裂了一个很大的口子。邓稼先抢先一步,把摔碎的原子弹碎片拿到手里仔细检验。他的妻子是医学教授，回北京之后，强拉着他去做了全身的检查，检查结果显示邓稼先的肝脏被损，骨髓里也侵入了放射物。但是他并没有因此放弃或者退缩，而是坚持回到了基地。后来辐射越加严重的时候，走路都很困难，但是邓稼先给研究人员下命令说："你们还年轻，绝对不能去。"1972年，邓稼先先后担任核武器研究院副院长和院长。1984年，他在大漠深处指挥中国第二代新式核武器试验成功。

1985年，邓稼先回到北京后，倒在了病床上。国家尽最大的力量来挽救他的生命，结果于事无补。在他去世之前，国家给他配了小汽车，邓稼先在家人的陪同下坐车转了一圈，表示接受了国家的礼物。

1986年，邓稼先因身患癌症而逝世。

吴有训：中国现代物理学"开山祖师"

大师生平

吴有训（1897～1977），字正之，江西高安人。著名科学家和教育家，中国近代物理学奠基人。幼年在私塾接受传统的启蒙教育。1920年毕业于南京高等师范学校，次年考取清华公费研究生，来到美国芝加哥大学之后，跟随康普顿教授从事物理学研究。1926年，获美国芝加哥大学物理学博士学位。回国后在家乡协助筹办江西大学，由于政治风波而失败后，来到南京中央大学担任物理系的副教授兼系主任。1928年，应清华学校的邀请，前往清华大学担任物理系主任、理学院院长。抗战期间，随同学校南迁，继续任西南联合大学物理系主任。抗战胜利后，担任中央大学校长。1948年底任上海交通大学教授，次年担任校务委员会主任。1950年，吴有训担任中国科学院近代物理研究所所长，此后担任交通大学校长，1955年当选为首届中国科学院院士。

▶ 生活造就了大师

1897年4月26日，吴有训出生在江西省高安市荷岭乡石溪吴村的一

个经商家庭。父亲早年一直在汉口帮人做生意，晚年回到老家，和人合开了一家店铺，以此来维持一家人的生活。母亲勤劳贤惠，在她的操持下，生活尽管过得不富裕，但是也不贫寒。吴有训上私塾之前的启蒙教育，完全是母亲在言传身教。

1904年，7岁的吴有训进入了私塾，学习四书五经。在他12岁那年，有一位从云南退休回家养老的族叔，办起了一家新式的私塾。私塾先生不但教文史，也讲授数理，平日里还给孩子们讲一些"物竞天择，适者生存"的思想。孩子们尽管听不懂，但是却很感兴趣。

原本家境并不富裕，所以吴有训很珍惜这个学习的机会。1913年，吴有训进入江西省立第二中学学习。经过3年的刻苦学习，1916年以优异的成绩毕业，毕业后进入南京高等师范学校理化部。

吴有训之所以考师范院校，很大程度上是因为师范学校一般不收学费，这样一来，可以大大减轻家庭的负担。在大学三年级的时候，美国哈佛大学获博士学位的胡刚复回国后来到了南京高等师范学校理化部担任教授。在胡刚复教授的引导下，吴有训接触到了有关X射线基础知识，并逐渐产生了浓厚的兴趣。

1920年，吴有训从南京高等师范学校毕业，毕业后在南昌第二中学教书，之后转到上海公学担任物理教员。胡刚复教授深深了解吴有训，他的物理天赋很高，不应该就此埋没，于是极力举荐吴有训考取官费留学，以便继续深造。1921年，吴有训如愿以偿地考取了江西官费留学。这年秋天，吴有训从上海乘海轮远赴美国求学。来到美国后，吴有训进入芝加哥大学物理系学习。

第二年，著名的物理学教授康普顿来到芝加哥大学执教。其间，康普顿教授的学术研究有了重大的突破。吴有训成为他的研究生，从事X射线问题的研究。随后，吴有训以助手和合作者的身份协助康普顿教授进行学术研究。1925年11月，美国物理学会在吴有训所在的实验室召

开。会上宣读了吴有训的论文《康普顿效应中的变线与不变线之间能量的分布》，文章后来发表于美国《物理学评论》上。吴有训参与了发现和确立康普顿效应中大量实验验证工作，最后以《康普顿效应》为题完成博士论文，并获得博士学位。1927年，康普顿获得诺贝尔物理学奖。

在教育舞台上劳作

获得博士学位之后，吴有训谢绝了康普顿教授的极力挽留，于1926年秋，踏上了回国的路。回国后，在家乡人的盛情邀请下，吴有训来到了江西南昌，协助筹办江西大学。就在江西大学的教学工作进入状态的时候，震惊中外的"四一二"大屠杀发生了。1927年8月，吴有训黯然离开故乡南昌。

之后，吴有训来到了南京，回到了南京高等师范学校，这时候已经改名为第四中山大学，吴有训的导师胡刚复，此时担任第四中山大学自然科学院院长。在胡刚复的极力推荐之下，第四中山大学聘请吴有训为物理系的副教授兼系主任。在工作了一年之后，吴有训被选为校务会议的代表，参加学校的一部分管理工作。

此时，吴有训引起了清华大学物理系主任叶企孙的注意。为了能将这位物理天才挖到清华大学，叶企孙不辞辛劳，几番盛情邀请，甚至给吴有训的薪金比自己的还要高。1928年，吴有训来到了清华大学执教。

1932年，吴有训与国内著名的科学前辈们共同创立了中国物理学会。1934年，吴有训出任清华大学物理系主任，3年之后升任为清华大学理学院院长。抗战全面爆发之后，吴有训随同学校迁到了大后方，在合并成立的西南联大担任委员会委员和理学院院长。抗战持续的几年时间里，他还出任了校内二十几个专业委员会主席或委员、校外中研院评议员、物理学会会长等职务。

和别的教授一样，吴有训每天都要步行几十里的山路去上课。在如此艰辛的条件下，吴有训积极推动恢复研究院和留学考试，并亲自参加研究院的教学指导，主持留美入学考试。同时，吴有训推动和创办清华金属研究所，进行应用基础和工业开发方面的研究，培养了一批优秀的骨干人才。

1940年，吴有训当选为中央研究院评议员，受评议会的委托创办了《科学记录》。1945年8月，抗战全面胜利之后，吴有训回到了南京，出任母校南京高等师范学校的校长，此时已经改名为国立中央大学。由于国民党当局的政治压迫，吴有训多次提出辞职的要求，但是都被拒绝。1947年底，吴有训前往墨西哥出席联合国教科文组织会议，并因此滞留美国，坚决不再担任中央大学校长的职务。

在美国期间，吴有训曾在哈佛大学和麻省理工学院从事短期访问与科学研究工作，在搜集科研资料的同时密切关注着国内局势的发展。1948年中旬，吴有训悄悄地回到了祖国。

积极投身于学术研究和组织工作

回国后，吴有训坚决辞去了中央大学校长的职务。国民党当局对吴有训威逼利诱，软硬兼施。为了摆脱国民党的纠缠，吴有训在地下党的帮助下，转移到上海，一边在交通大学秘密担任兼职教授，一边和各界知名人士联合抵制去台的活动。

解放后，吴有训被推举为"上海科技团体联合会"主席。同年6月，吴有训出任了上海交通大学的校长。7月，作为上海科技界的代表，吴有训参加了全国第一次自然科学工作者代表大会筹备会，会上

被选为代表。在9月成立的上海分会上，吴有训被推举为主任。1950年，吴有训又被任命为华东教育部长。3月，吴有训被提名为近代物理研究所所长。6月，作为中国科学院访德代表团团长，带领科学家出访东德，期间参加了德国科学院成立250周年大会，会后顺访了波兰的华沙，之后来到布达佩斯参加第一届匈牙利数学会议。代表团9月回来，不久吴有训被正式任命为中国科学院副院长。

1951年初，吴有训赴东北考察了一个多月，与各级政府部门、研究机构和企业进行了广泛的接触。在吴有训的积极努力之下，1952年8月，成立东北分院筹备处，会上提出了设立中国科学院东北分院的方案。1955年，吴有训出任了科学院物理学数学化学部主任，具体领导负责科学院的数、理、化、天文等学科的学术研究工作。同年10月举行的全国抗生素研究工作委员会上，吴有训再次出任主任委员。

1959年2月，吴有训率领中国科学院代表团，访问了东欧七国。访问期间和各国科学院签订了一系列合作协议。1960年7月，中国科学院代表团参加英国皇家学会庆典活动，对英国进行了访问。

1972年，大批海外华裔科学家回国访问，吴有训陪同国家领导人会见过杨振宁、任之恭等著名华裔科学家。1977年2月，李政道夫妇第三次访华，吴有训在北京饭店设宴招待他们。1977年，吴有训在家里会见了地质科学院院长黄汲清。第二天，吴有训在家中去世，终年80岁。

梁思成：向自己的学术宣战

大师生平

梁思成（1901~1972），广东省新会人，著名的建筑学家、建筑史学家、建筑教育家，中国古代建筑史的开拓者和奠基者。早年接受过正统的中国古典文化教育。1923年毕业于清华学校，之后前往美国，就读于宾夕法尼亚大学建筑系，1926年先后获得了学士和硕士学位。1927年，在哈佛大学研究院从事了大半年的世界建筑史研究。1928年，回国后创办了东北大学建筑系，并担任教授兼系主任，之后加入中国营造学社研究中国建筑史，1931开始，担任中国营造学社研究员、法式部主任。1941年担任中央研究院研究员。抗战结束后为清华大学创办了建筑系，担任教授兼系主任。期间应美国耶鲁大学的聘用担任访问教授，同年还兼任中国代表担任联合国大厦设计委员会顾问。1948年获得美国普林斯顿大学荣誉博士学位。曾参加人民英雄纪念碑的设计，兼任新中国国旗、国徽评选委员会的顾问。主要作品有吉林大学礼堂和教学楼、人民英雄纪念碑、鉴真和尚纪念堂等。

钟情建筑的爱国青年

1901年4月，梁思成出生在日本东京，原籍广东省新会县。父亲梁启超，著名的大学者，因为"戊戌政变"而闻名中外。在父亲的严厉督促下，梁思成从小就熟读《左传》《史记》等古籍，接受正统的中国古典文化教育。幼年时的梁思成对中国古文化有浓厚的兴趣。当时中国内外交困，屡受凌辱，这让梁思成产生了浓厚的爱国主义思想。

1912年，11岁的梁思成回到了北京，三年后进入清华学校就读。在校期间，梁思成学习非常用功，所以成绩很优秀。他业余爱好非常广泛。对美术和音乐有一定的兴趣，曾被聘为学校的美术编辑，经常为校刊画插图。除此之外，他还担任学校乐队的队长和第一小号手，参加合唱团和军乐队；爱好体育，喜欢踢足球。"五四运动"爆发之后，梁思成积极参加了学校"义勇军"并且很快成为组织的骨干力量。1923年，梁思成和同学们一起去天安门广场参加"二十一条"国耻日纪念活动，回来的途中不幸被军阀金永贵的汽车撞伤，造成了左腿骨折。

1924年，梁思成前往美国留学，他选择的是宾夕法尼亚大学建筑系。在学校里，梁思成学习非常用功，常常泡在图书馆，用他自己的话说就是用"笨功夫"研究古代历史和文物，因为他把著名建筑逐个画下来，以加强记忆。1927年，梁思成以优异的成绩获得了硕士学位。之后，考入哈佛大学研究生院，准备进行"中国宫室史"为主题的博士论文。在搜集资料时，日渐成熟的梁思成发现书本中的资料与现实环境之间有很大的差异，于是他决定到实地去考察研究。

困境当中方显民族气节

1928年,梁思成在回国之前,曾经环游欧洲,参观了希腊、意大利、法国、西班牙等地的著名古建筑。他看到别的国家的古建筑受到保护,并且有专门的学者在研究,而国内的古建筑大多无人问津,并受到严重的破坏,这深深地刺痛了梁思成的心。回国后,在东北大学的邀请下,梁思成来到东北大学任教,在那里,他创建了建筑系,并担任系主任和教授。

1931年,发生了震惊中外的"九一八"事变,东北很快沦陷。梁思成一家迁到了北平。之后,他参加了专门研究古建筑的营造学社,并且担任法式部主任,从此投入中国古代建筑的研究中。

1937年,抗日战争全面爆发,日军占领北平之后,主办了"东亚共荣协会",邀请梁思成出席会议。梁思成誓死不与侵略者同流合污,随即携家带口长途跋涉,于1938年到达昆明。1939年,再次搬迁到四川省南溪县的李庄。当时,国难当头,国家科研经费紧张,营造学社的经费一度中断,所有人员的工资一概停发,梁思成一家的生活日渐拮据。他的妻子林徽因也患了严重的肺病,卧床不起,梁思成由于积劳成疾,患了脊椎软组织硬化症,行动很不方便。在这种情况下,梁思成接到美国好几个学校和机构邀请,让他到美国一边教书,一边治病。

经过激烈的思想斗争,梁思成毅然决然地拒绝了,他说:"国难当头,我怎么可以擅自离开呢?"就这样,梁思成拖着带病的身子,带着仅有的几位研究人员,在云南、四川等地继续坚持着古建筑的研究。他们不辞辛劳,辗转调查了40余个县,为当时的中央博物馆绘制了大量古建筑模型图。当时林徽因每天靠在被子上工作,书案上、病榻前堆积起数以千计的照片、草图、数据和文字记录。在条件极端恶劣的情况下,仍然出版营造学社的汇刊。没有印刷工具,他们只能采用手写和最原始的石印。

为日本奈良说情

1944年,抗日战争已经接近尾声,为了取得对日本作战的最后胜利,美国空军开始对日本本土进行疯狂的轰炸。到日本宣布投降前,已经有199座城市遭到轰炸,城市的建筑40%以上遭到了毁坏,但是古都奈良却幸免于难。

当得知美国空军的轰炸计划之后,梁思成恳切请求保护奈良。他说:"从我个人的感情出发,恨不得马上炸沉日本四岛,但是京都和奈良是人类社会科学、工程技术和艺术发展的综合体,是全人类文明结晶具体象形的保留。像奈良的唐招提寺、法隆寺,是全世界最早的木结构建筑,一旦炸毁,永远无法补救……"

当梁思成的报告送到将军处时,将军沉默了。最终,在梁思成的不懈努力之下,奈良地区免受炸弹的摧毁。

为挽救城市古貌失声痛哭

抗战结束之后,梁思成亲赴美国讲学,由于他在中国古代建筑的研究上作出了骄人的成绩,被普林斯顿大学授予名誉文学博士的学位。不久,梁思成回国,在清华大学创建了建筑系,1947年,受政府遣派前往美国担任联合国大厦设计顾问团的中国顾问,次年被选为中央研究院院士。

梁思成一边担任清华大学教授和建筑系主任,忙于教学,一边积极投入到城市的建设工作中,先后担任北京市都市计划委员会副主任、中国建筑学会副理事长、建筑科学研究院建筑理论与历史研究室主任、北京市城市建设委员会副主任等职。

1953年,在时任北京市副市长吴晗的提议和倡导下,北京市委酝酿拆除牌楼,具体工作由吴晗负责。在市委决策会议上,梁思成与吴晗发生了激烈的争论。由于吴晗的一番言论,梁思成痛心疾首,气得当场失声痛哭。他说:"拆掉一座城楼像挖去我一块肉,剥去了外城的城砖像剥去我一层皮。"之后,在社会文化事业管理局局长郑振铎邀请的同学会聚餐中,梁思成的妻子林徽因再次与吴晗发生了一次面对面的冲突。梁思成夫妇在保护北京古都文化的过程中,可谓鞠躬尽瘁,饱受了常人无法忍受的痛苦。

在"斗争"中饱受屈辱

1956年之后,由于各种政治运动频繁发生,梁思成再也静不下心来作学术研究。直到1961年,梁思成又重新着手研究工作,一年之后,研究有了逐步的成果并得以出版。

1966年,文化大革命爆发之后,梁思成受到了当权派的各种折磨,在肉体和精神上饱受摧残。造反派们强迫梁思成一遍又一遍地"交代"自己的"罪行"。梁思成性格倔强,不肯屈服,因而"罪行"被逐渐加重。

同年7月,年逾六旬的梁思成被造反派推搡着来到了清华大学的校门口,胸前挂着一块巨大的黑牌子,上面写着"反动学术权威梁思成"。由于年轻时的那场车祸,后遗症所带来的巨大疼痛几乎让他直不起腰来。梁思成忍受着身体上的剧烈疼痛,站在校门口任凭别人的嘲笑和羞辱。不仅如此,当权派还强迫梁思成不论走到哪里都要带上这块牌子。

后来,工资停发了,工作也没法干了。梁思成全家被驱逐到没有水暖供应的小平房中生活。造反派还在梁家肆意妄为,很多宝贵的科研资料毁于一旦。最后在一位善良老人的帮助之下,包括《营造法式》在内的一些宝贵书稿才得以保全。

华罗庚:"活着不是为了个人,而是为了祖国"

大师生平

华罗庚(1910~1985),江苏金坛人。世界著名数学家,中国科学院院士,中国解析数论、矩阵几何学、典型群、自安函数论等多方面研究的创始人和开拓者。早年在金坛中学上学,毕业后辍学,由于对数学痴迷,辍学后坚持自学,后来为生活所迫帮助父亲料理杂货店。1929年,19岁的华罗庚在金坛中学打杂,并在《科学》等杂志上发表论文。次年,被清华大学数学系聘为助理讲师,1933年被提升为助教,1935年成为讲师。1936年,前往英国剑桥大学留学。1938年回国后在西南联合大学担任教授。1946年应邀赴苏联进行访问。同年,赴美国进行考察,在普林斯顿高等研究所担任研究员和访问教授,之后他又被伊利诺大学聘为终身教授。1950年回国后担任清华大学数学系主任。1952年,担任数学研究所的所长。1955年,被选为中国科学院院士。1958年,被任命为中国科技大学副校长兼应用数学系主任。文革结束后,他被任命为中国科学院副院长。1983年赴美讲学,期间参加了第三世界科学院成立大会,并被选为院士。1984年,美国科学院授予华罗庚外籍院士。

1985年，华罗庚被选为全国政协副主席。1985年在日本讲学时，因患急性心肌梗塞而逝世。在国际上以华罗庚的姓氏命名的数学科研成果有"华氏定理""怀依—华不等式""华氏不等式""普劳威尔—加当华定理""华氏算子""华—王方法"等。主要著作有《堆垒素数论》《数论导引》《典型群》等。

与命运对抗的数学骄子

1910年11月12日，华罗庚出生于江苏省金坛县一个小商人家庭。父亲是一个小商人，开一间小杂货铺，母亲是一位贤惠的家庭妇女。华罗庚出生时，父亲已经40岁了，华罗庚的降生给夫妻俩带来了无比的快乐。由于一生下来就用两个箩筐扣住了他，所以他们给孩子起名叫华罗庚。

1922年，12岁的华罗庚从县城小学毕业之后，进入金坛县立初级中学学习，在数学上显示出了极大的天赋。当时华罗庚的数学老师是我国著名教育家、翻译家王维克。在一节数学课上，王老师给同学们出了一道历史上有名的难题："有一个数，3个3个地数，还余2；5个5个地数，还余3；7个7个地数，还余2，请问这个数是多少？"还没等王老师的话音落下，华罗庚就站起来说"23"。王老师被他的表现惊呆了。

和别的孩子一样，华罗庚非常贪玩，作业做得很不整洁，到处都是涂改的痕迹。一开始王老师很生气，对华罗庚的印象并不好。但是后来他慢慢地发现，华罗庚在不断改进和简化他所教的解题方法。自此以后，王老师对华罗庚刮目相看，并用心地培育华罗庚。

有一次，一位金坛中学的老师感叹所教的学生都是"差生"，王老

师说:"不见得,我觉得华罗庚同学就是一个天才。"老师笑着说:"华罗庚?你不是在开玩笑吧,你看看他写的那几个字,像蟹爬似的,像他这样的学生怎么能算是天才呢?"王老师认真地说:"当然,他成为书法家的可能很小,但是他在数学上的天赋并不能从书写上看出来啊。"

初中毕业之后,由于家里经济拮据,华罗庚放弃了升高中的计划,转而考入中华职业学校学习会计。学到最后一学期,由于家里实在拿不出50元食宿费,他只好被迫辍学。辍学后的华罗庚回到家里帮助父亲料理杂货店。但是华罗庚对数学非常痴迷,由于忙于计算,不是忘记接待客人,把客人气走了,就是算错了账,多找了钱,这让他的父亲非常生气。由于经常发生这样的事情,街坊邻居给他起了个绰号,叫"罗呆子"。一次,华罗庚又把钱多找给了顾客,父亲气急败坏,把华罗庚的数学书烧了,华罗庚心疼得晕倒在地。

华罗庚的姐姐华莲青对这段日子有清晰的记忆,她说:"尽管是寒冬腊月,华罗庚依然趴在账台上计算。鼻涕流下时,他用左手在鼻子上一抹,往旁边一甩,没有甩掉,就这样伸着,右手还在不停地写……"

华罗庚晚年回忆这段日子的时候说:"那个年纪正是我接受教育的时候,但是一个'穷'字剥夺了我的梦想,为了活命,我在拼命挣扎着,顽强坚持到了18岁。"

一个小小的发现与清华结缘

1928年,经人说合,18岁的华罗庚和吴筱元完婚了。结婚后不到几个月,瘟疫开始在江苏金坛县肆虐,华罗庚的母亲被瘟疫夺走了性命。没过多久,华罗庚也染上了瘟疫,每天处于昏迷状态。在妻子的悉心照料下，华罗庚从死亡线上挣扎出来。在这场和病魔的斗争中，他的一条腿残废了。但他并不悲观、气馁，而是顽强地发奋自学。

一次，华罗庚意外地发现著名的数学家苏家驹教授一篇关于五次代数方程求解的论文有问题，一个十二阶行列式的值算得不对。于是他把自己的想法写成了《苏家驹之代数的五次方程式解法不能成立的理由》的文章，投寄给上海《科学》杂志社。第二年，这篇论文在《科学》杂志上发表。

当时，时任清华大学数学系主任的熊庆来偶然看到了这篇文章，为华罗庚的才学深深地吸引，随即打听华罗庚的下落。费尽一番周折之后，熊庆来终于从江苏籍的教员唐培经的口中得知，华罗庚并不是什么大学教授，而是一个杂货店里的自学青年。熊庆来抛开各种条条款款，破例聘请华罗庚来清华大学工作。

华罗庚来到清华大学之后，起初在数学系当助理员，主要负责收发信函兼打字，并保管图书资料。在工作的同时，华罗庚坚持自学，抽时间跟学生一道去教室听课。他每天只睡五六个小时，还养成了熄灯之后仍能看书的习惯。他在灯光下看书，只要看题目思考一会儿，然后熄灯躺在床上，开始思考。碰到难处，再翻身下床，打开看一会儿。就这样，一本需要十天半个月才能看完的书，他一夜两夜就看完了。功夫不负有心人，他只用了一年时间，就把大学全部课程学完了。熊庆来对华罗庚非常重视。1933年，华罗庚被破格提升为清华大学数学系助教，两年后升为讲师。

1936年，在清华大学数学系主任熊庆来的推荐下，华罗庚前往英国剑桥大学深造。当时声名显赫的数学家哈代，听说华罗庚在清华大学很有名气，于是对前来深造的华罗庚说："你如果真有传说中那般神奇的话，在两年之内就可以获得博士学位。"华罗庚回答说：**"我来是求学问的，不是为了获得博士学位。"**在剑桥大学两年的求学生涯中，华罗

庚集中精力研究了堆垒素数论,还对华林问题、他利问题、奇数哥德巴赫问题发表了18篇论文,得出了著名的"华氏定理"。他的研究成果引起了国际数学界的注意。

1938年,国内的抗日战争进行得非常艰苦,华罗庚得知后毅然放弃了在英国深造的机会,满怀抗日救国的热忱回到了祖国。之后在西南联大任教授,年仅28岁。在极端困难的条件下,华罗庚完成了他的第一部数学专著《堆垒素数论》。

▶ 为祖国建设竭心尽力

1946年2月至5月,华罗庚应邀赴苏联访问。同年6月,华罗庚来到上海,三个月后和李政道、朱光亚等前往美国。到达美国之后,华罗庚先在普林斯顿高等研究所担任研究员和访问教授,之后他又被伊利诺大学聘为终身教授。没过多久,华罗庚的妻子和儿女也来到了美国。

1950年,华罗庚放弃了美国的优越生活,克服了来自美国政府的种种刁难,带着妻子儿女回到了祖国。到达香港之后,华罗庚发表了一封致留美学生的公开信,鼓励海外学子回来。**在信中他这样写道:"……虽然数学没有国界,但数学家却有自己的祖国。"**

回国后,华罗庚受到热烈欢迎,担任清华大学数学系主任,不久又被任命为中国科学院数学研究所所长。回国后的几年里,他在学术研究上硕果累累。同时,为了培养青少年学习数学的热情,他在北京发起组织了中学生数学竞赛活动,还写了一系列数学通俗读物,在青少年中影响极大。

1953年,由华罗庚和其他几位知名科学家组成的代表团赴苏联访问,并且代表中国数学家,出席了二战后首次世界数学家代表大会,同时还出席了亚太和平会议和世界和平理事会。1958年,华罗庚担任了中国科技大学副校长兼应用数学系主任。这时期,他完成了《统筹方法平话及补充》和《优选法平话及其补充》两篇报告,亲自带领一些学生到企业和工厂推广与应用。

1966年春,华罗庚率领的小分队被叫回了北京,当权派禁止他们搞"双法",电影《优选法》也受到了刁难。文化大革命开始之后,华罗庚家被抄,数学手稿被盗,他的研究工作也被迫中止。白天被当作"资产阶级学术权威"饱受凌辱,晚上还得睡在地板上遭受折磨。华罗庚费尽心血精确计算出苏联人造卫星方位与数学模型的机密手稿也被窃。之后不久,华罗庚的女儿华顺和女婿王敬先都被打成黑帮,在押受审,他的姐姐也被当成地主婆饱受羞辱。

1975年,江青公开指责华罗庚造谣污蔑,说他推广"双法"是游玩,很快推广小分队被解散了。华罗庚不得不只身入东北,不久得了心肌梗塞,昏迷了6个星期,一度病危。周总理闻讯后,派出了自己的医生前去救护华罗庚。

1983年10月,华罗庚应美国加州理工学院邀请,赴美讲学,其间他被第三世界科学院选为院士。1984年4月,华罗庚又获得了美国科学院授予他的"外籍院士"称号。次年,在全国政协会议上,被选为全国政协副主席。1985年6月3日,华罗庚赴日本访问,后来倒在了讲坛上。

美国著名数学史家贝特曼说:"华罗庚是中国的爱因斯坦,足够成为全世界所有著名科学院的院士。"

Chapter 6
科学巨匠爱国情怀 第六章

钱学森:"外国人能干的,中国人为什么不能干?"

大师生平

钱学森(1911~2009年),浙江杭州人。中国著名物理学家,世界著名火箭专家,中国航天事业的奠基人。幼年时随同父亲来到北京。1929年,考入上海交通大学机械工程系。1935年赴美国研究航空工程和空气动力学。1936年获麻省理工学院航空系硕士学位。1938年获加利福尼亚理工学院博士学位,之后留校任教并从事火箭研究。1950年开始争取回归祖国,受到美国政府迫害,失去自由,历经5年的艰辛才回到祖国。1956年起,长期担任火箭导弹和航天器研制的技术领导职务。1958年,任中国科学技术大学近代力学系主任。1959年,当选为第二届全国人民代表大会代表,并相继当选为第三、四、五届全国人民代表大会代表。1960年,任国防部第五研究院副院长。1961年,当选为中国自动化学会第一届理事会理事长。1982年,任国防科学技术工业委员会科学技术委员会副主任。1994年被选聘为中国工程院院士。著作主要有《工程控制论》《物理力学讲义》《星际航行概论》《论系统工程》等。

书香熏陶小"神童"

1911年12月11日,钱学森出生在浙江省杭州市的一个书香之家。父亲钱均夫是著名的教育家,他博学多才,恭谦自守,为钱学森营造了一个宁静求实的家庭氛围。母亲章兰娟性格开朗、热情,心地善良,计算能力和记忆力超乎寻常,具有很高的数学天赋。钱学森在数学上表现出惊人的天赋,大半来自母亲的遗传。

幼年的钱学森天资聪颖,悟性极高,记忆力也很强。在他3岁时,已经能熟练地背诵一百多首唐诗、宋词,以及早期一些启蒙读物,同时还能心算加、减、乘、除。在周围邻里的眼里,钱学森是个货真价实的神童。有了良好的文化功底,钱学森在5岁的时候便能读懂《水浒传》。一天,他对父亲说:"《水浒传》里的英雄都是天上下凡的星星,那么是不是做大事的人都是天上星星下凡啊?"父亲想了想说:"那些英雄和大人物都是普通的人,你也可以做英雄,但是英雄要有远大的志向,要有决心和毅力。你现在只有好好学习,将来才能做英雄。"

6岁那年,父亲将钱学森送到了北师大附小。那个时候,男孩子都喜欢玩一种用废纸折的飞镖。每次比试,钱学森的飞镖总是扔得最远,投得最准。同学们不服气,捡起他折的飞镖仔细观察,原来钱学森折叠的飞镖有棱有角,飞起来空气阻力很小,再加上投扔时,钱学森又会巧妙地利用风向风力,难怪每回都投得远投得准。钱学森的聪明才智,不仅让同学们佩服,就连老师也惊叹不已。

每年的春秋季节,父亲都会带钱学森去风景优美的郊区游玩,培养他对大自然的感情。有一年,钱学森因病休学在家,父母经常带他去西湖游玩。其间,父亲专门为钱学森聘请了当地的一位画家,教他学习中国画。在短短的几天之内,钱学森就熟练掌握了中国画的基本技巧,作画水平得到了很大的提高。他兴奋地说:"在运笔作画的时候,那些景

物都融会在我的心里。"

从北京师范大学附属小学毕业之后，钱学森升入北京师范附属中学。钱学森晚年时回忆："当时在旧中国办学真不是一件容易事，当时的校长，是林砺儒先生，他把师大附中办成了第一流的学校。我至今仍十分怀念我的母校，北京师范大学附中。我在那里受到的良好教育，是我终生难忘的。"

1929年夏，18岁的钱学森考入了上海交通大学，主攻机械工程。他严格要求自己，以顽强的毅力争取学好每门课，每门成绩都达到95分以上。他能把《分析化学》一字不漏地背诵下来。在回忆交大时，钱学森激动地说过："交大教学严格，感谢母校让我学到了许多终身受用不尽的知识。"

饱尝海外生活的心酸

1934年，钱学森从上海交大毕业后，决定到欧美国家去深造。他觉得中国之所以落后，主要是因为经济技术很不发达，相比之下，日本之所以迅速崛起，完全得益于科技的进步。经过考试，钱学森取得了清华大学公费留美的资格。当时他的目标是美国，因为他想学美国的飞机制造，这是中国没有的工业技术。

1935年夏天，钱学森告别家人，登上了驶往美国的轮船。到达美国后，钱学森进入麻省理工学院攻读航空系的硕士学位。钱学森刻苦用功，只用了一年的时间便拿到了硕士学位。但在实习中，钱学森却被美国飞机工厂拒之门外，钱学森的民族自尊心受到了强烈的伤害。1936年秋天，钱学森毅然离开了麻省理工学院，转而进入加州理工学院学习航空动力学。

在转换专业的问题上,钱学森和父亲曾经因为意见不合而闹得很激烈。钱学森打算下一步攻读航天理论,但是他的父亲坚持让他研究飞机制造技术。后来在他岳父蒋百里的帮助下,才说服了父亲。钱学森如释重负,对蒋百里感激不尽。

整整三年,钱学森埋头研读,每天坚持12小时以上,将买来或借来的全部力学书籍读了个遍,还研究了大量的现代数学、偏微分方程等。此后,仅仅用了一年的时间,钱学森在航空结构理论研究中就取得了骄人的成就。在世界著名力学大师冯·卡门教授的带领和教导之下,1939年6月,钱学森完成了《高速气动力学问题的研究》等4篇博士论文,取得了航空和数学博士学位。

取得博士学位之后,钱学森在导师冯·卡门的推荐下,被加州理工学院聘为助理研究员。在次年的美国航空学会年会上,钱学森宣读了一篇关于薄壳体稳定性研究论文,引起了界内巨大的轰动。钱学森自此一跃进入国际知名学者的行列。

从1936年起,钱学森对火箭技术产生了浓厚的兴趣,于是便和马林纳成立了火箭研究小组,进行火箭发动机试验。尽管实验非常危险,但是他们谁也没有退却,后来终于完成了火箭发动机喷管扩散角对推力影响的计算。次年,他们建立了第一座火箭试验台,并得到美国空军的支持。军方委托加州理工学院举办训练班,钱学森被聘为教员。

1943年,钱学森接受了美国军方的委托,负责火箭发动机推动导弹课题研究。11月,钱学森提交的设计方案得到美国军方的高度重视。由于战时的需要,钱学森还负责了远程导弹的理论研究。

1945年,在冯·卡门的率领下,钱学森参加了德国火箭技术的考察。回美国以后,钱学森向空军领导人作了详细的考察报告。此后钱学森被加州理工学院提升为副教授,并兼任航空喷气公司的技术顾问、美国海军火炮研究所顾问。1947年,经冯·卡门的推荐,钱学森被麻省理

工学院聘为终身教授。

为回国饱受屈辱

1950年，朝鲜战争爆发之后，美国麦卡锡主义泛滥，钱学森和其他中国人一样受到了联邦调查局的监视和查问。他们强迫钱学森诬陷实验室里的一位研究员，遭到钱学森的严词拒绝。随即钱学森参加机密研究的证书被吊销，而且失去了继续进行喷气技术研究的资格。钱学森以此为借口，向美国当局提出了回国申请。

美国当局深知钱学森的价值，百般阻挠。美国一位将军甚至咆哮道："钱学森无论在哪里，都抵得上5个师，我宁可把这家伙枪毙了，也不让他回到中国！"随后，美国移民局抄了钱学森的家，在特米那岛上将他拘留长达半个月之久。钱学森曾回忆说："在被拘禁的15天内，体重减轻了30磅。晚上调查人员每隔1小时就来喊醒我一次，完全得不到休息，精神上陷入极度紧张的状态。"。

后来，加州理工学院交付了15000美元的巨额保释金后，钱学森才得到了自由。之后，海关又强行没收了钱学森的行李，包括800公斤书籍和笔记本。

1955年，钱学森摆脱了联邦调查局的秘密监视，在一封写给比利时亲戚的家书中，夹带了给全国人大常委会副委员长陈叔通的信。信中，钱学森请求中国政府帮助他回国。很快，这封信传到了周恩来的手里，在同年8月举行的大使级会谈上，中美两国就侨民问题进行了具体谈判。最终，中方以释放11名美国飞行员战俘为条件换回了钱学森的自由。

1955年10月8号，钱学森带着妻子和孩子回到祖国，受到了党和政府的高度重视。很快，钱学森上书周恩来，提出了发展中国导弹的规划和设想。1956年10月，我国第一个导弹研究院成立，钱学森任研究院院长。1960年，在钱学森的不断努力之下，我国第一枚国产近程导弹发射成功。1964年6月，我国第一颗中近程导弹飞行试验获得成功。1966年，中近程导弹运载原子弹的"两弹结合"飞行试验获得成功。

1965年1月，钱学森向国家提出报告，建议早日制订我国人造卫星的研究计划。1970年，我国第一颗人造卫星发射成功。

科学巨匠爱国情怀 第六章

周光召："两弹元勋"的爱国情

大师生平

周光召(1929~)，湖南宁乡人，中科院院士，理论物理学家。早年在重庆读中学，1947年，考入清华大学物理系，本科毕业后，顺利考上了研究生。1952年，转入北京大学研究院，进行基本粒子物理的研究。1954年，通过论文答辩后担任北京大学物理系的讲师。1957年，被国家派往苏联，在原子核研究所担任中级研究员。回国后，在第二机械工业部第九研究院任理论部第一副主任。1979年后，曾经担任第二机械工业部九局总工程师，次年当选为中国科学院学部委员。1983年，先后被选为中国物理学会副理事长，曾经被欧洲科学院、蒙古科学院等七个学院选为外籍院士。同时，还被纽约市立大学、香港中文大学等五所世界知名大学授予荣誉博士。

▶ 独立思考的少年"周公"

1929年5月，周光召出生在湖南省长沙市宁乡县双江口镇一个知识分子家庭。父亲周凤九曾在湖南大学担任教授，后来任公路总局局长。

受到父亲的影响，周光召从小便对自然科学产生了浓厚的兴趣。1937年，抗日战争全面爆发之后，父亲带着全家千里迢迢，经过贵州来到重庆，周光召进入重庆南开中学学习。当时，周光召的父母由于工作的关系，去了西昌，并一直住在那里。他和哥哥则留在重庆读书，姐姐在中央大学当助教，并照顾他们的生活。

1946年，抗战胜利后，周光召随同父母回到了故乡长沙。由于在重庆没有上完高中的最后一年，所以周光召的成绩不是很好，被清华大学招进了先修班。他常常独立思考一些学习中的问题，星期天是图书馆的常客，往往一坐就是一整天。在他的不断努力之下，学习进步神速，同学们叫他"周公"。1947年，周光召顺利考入清华大学攻读物理系。经过4年学习，他从清华大学物理系毕业，并且考入本系的研究生。1952年，北京各大院校专业调整，周光召转到了北京大学研究生院，在著名理论物理学家彭桓武教授的带领下，从事基本粒子物理的学习和研究。在学习中，周光召注重广度和深度的结合，养成了善于进行创造性思维的良好习惯。彭桓武非常喜欢自己的这个得意门生，他常说"弟子不必不如师"，预言周光召将来必定成为国家的栋梁之才。1954年，周光召完成了论文答辩，获得了硕士学位。同年8月，他被北京大学物理系聘为讲师。

▶ 不负重托，蜚声莫斯科

在北京大学物理系从事了四年的教学工作之后，1957年春，周光召被国家选中，以中级研究员的身份前往苏联莫斯科杜布纳联合原子核研究所，主要从事高能物理、粒子物理等方面的基础研究工作。其中周光召之所以被选中，很大程度上得力于北大著名教授胡宁的力荐。当

时莫斯科聚集了很多社会主义国家的核物理学家，他们借助一台大加速器，开始对处于核科学前沿的高能物理科学从事研究，时年周光召刚刚28岁。

在研究学习的过程中，周光召意外发现苏联教授提出的"相对性粒子自旋问题研究结果"存在很大的失误。当他把自己的想法说出来的时候，遭到很多科学家的嘲笑和不屑一顾，因为当时这个理论基本上就是权威，从来没有人对此提出过质疑。但是周光召坚持自己的想法，参加了激烈的学术争辩。在说服不了别人的情况下，他用了整整三个月的时间，一步步严格论证了自己的观点，并写出了《相对性粒子在反应过程中自旋的表示》的学术报告，发表在学术杂志《理论与实验物理》上，从而引起了不小的轰动。没过多久，美国科学界也得出了相同的结论。

到1961年回国为止，周光召利用短短4年时间，在中外学术刊物上发表了50余篇学术论文，曾两次获得联合原子能研究所的科研奖金。他在论文《关于赝矢量流和重子与介子的轻子衰变》中最早提出了赝矢量流部分守恒定理（PCAC），成为这个理论的奠基人之一。

因为一系列卓越的研究成就，周光召声名远扬，就连当时不可一世的苏联老大哥也被这位年轻的中国学者深深地震撼了。十几年后，在杨振宁教授访问苏联的时候，苏联科学院的一位院士还翘起大拇指说："周光召，曾经威震杜布纳！"

▶ 受命于危难之间

由于中苏关系的恶化，1959年6月，苏联单方面撕毁合同，撤走了所有援助中国的专家，顷刻间使中国两百多个国家重点工程项目陷入困境，其中包括原子弹的研发。苏联当权派嘲笑说："离开了我们的帮

助，你们20年也弄不出原子弹来。"但是一些接触过中国科学家的苏联专家友善地说："我们走了，你们一样也能成功，你们有一大批非常优秀的科学家，比如王淦昌、周光召……"

当时，周光召还在莫斯科杜布纳从事理论研究。在驻苏使馆人员的陪同下，著名核物理学家钱三强来到杜布纳，和周光召进行了长时间的交流。这次谈话对周光召的影响非常大，点燃了他的爱国激情。随后，他代表中国专家组全体科学家，起草了一封联名信寄往北京。在信中，周光召表示绝对服从国家的调遣，愿意放弃进行了多年的理论研究，投入国家急需的工作中。

1961年2月，周光召风尘仆仆地回到了阔别已久的祖国。回来后立刻到第二机械部核武器研究所报到，并且担任了理论部第一副主任，主要负责原子弹的理论设计工作。在聆听了周总理所作的报告后，周光召来不及向妻子儿女告别，毅然投入忙碌的研究工作。就这样，享誉全球的青年才俊顷刻间似乎人间蒸发了。

周光召当时具体负责的工作就是对邓稼先的核武器理论计算成果进行复核鉴定。由于欧美国家的严密封锁，理论部所取得的数据与国外专家提供的数据相去甚远，因此，给鉴定工作带来了相当大的困难。但是周光召迎难而上，仔细翻阅了大量的理论计算手稿，经过几个月的苦苦思考，验证了邓稼先的计算结果完全正确，只是缺少科学的论证。在研究了大量的资料之后，周光召提出了一个大胆的论证原理，从而验证了邓稼先所作计算结果的正确性。在报告发布会上，周光召坚定地说："经过几个月的验证，事实证明外国专家提供的数据是错误的。"随后，他带领大家齐心协力一举解决了原子弹关键理论的全部问题，为原子弹的成功爆炸立下了汗马功劳。

以国家需要为己任

当年,周光召放弃了自己的专业研究,投身到国家核武器发展的时候,曾有人问他:"你在专业粒子物理的研究上,已经取得了骄人的成就,为什么要放弃呢?"周光召坦然地说:"如果国家有需要,我愿意放弃。如果国家不强大,我自己就算名扬中外,又有什么意义呢?"

核武器的研制取得了一定的成功之后,有人说周光召作出的贡献很大。面对赞扬,他说:**"核武器研究取得战果是大家集体协作的成果。科学事业是集团的事业,我只不过是十万分之一而已。"**

1976年,核武器研制走入正轨后,周光召又将工作的重点转向自己的专业,粒子物理理论的研究,并且很快取得了突破性的成就,获得中国科学院重大科技成果奖一等奖。此后,周光召担任了科学院理论物理研究所副所长和所长,两年后升任为副院长,1987年担任中国科学院院长。走马上任之后,周光召对中国科学院的改革提出了一系列的想法,包括"学术民主和自由争鸣是繁荣科学的唯一途径""绝不允许用行政手段干涉学术自由"等。除此之外,他还提出了中国科学院要实行"一院两种运行机制"的办院方针,而且建立了一百多个开放型实验室,陆续成立了五百多家各种类型的科技开发公司。

在学术上有所成就之余,周光召也积极代表国家参加对外交流的任务,先后担任中国物理学会副理事长、中国国际交流协会副会长、中国人民争取和平与裁军协会副会长、中国国际科技促进会副会长等职务,获得了美国纽约市立大学、香港中文大学、香港大学、加拿大麦吉尔大学等五所世界知名大学授予的荣誉博士。

第七章

杏坛大师学林漫谈

清华传奇

马约翰：清华大学的"体育帮教"

大师生平

马约翰（1882~1966），福建省厦门市人。1911年毕业于圣约翰大学。在大学读书期间是学校足球、网球、棒球、田径代表队主力，运动项目中非常擅长中长跑，曾获1910年第一届全国运动会学校联合组880码冠军和440码第三名。1914~1966年在清华大学任助教、教授、体育部主任等。1919~1920年、1925~1926年两次赴美国春田学院进修体育。1936年担任中国代表团田径队总教练，参加在柏林举行的第11届奥林匹克运动会。1954年起任中国田径协会主席、中华全国体育总会副主席、主席。在从事体育教学52年的实践中，马约翰根据自身经验和科学原理，研究了体育运动的规律，参考国内外经验，编制出各种不同内容的徒手操近百套，发表过《体育运动的迁移价值》《我们对体育应有的认识》等论著。他一生积极倡导体育运动，热情指导青年进行体育锻炼，为人师表，德高望重，受到国家的器重和人民的尊敬。

清华的"体育帮教"

马约翰这个名字,对于很多人来说是陌生的,但在体育界却赫赫有名。他是我国著名的体育家,在体育理论、体育教学、运动训练等方面,马约翰均作出了巨大贡献,博得了人们的尊敬。可以说,他是一个真正的体育人。他的一生中,不但终生坚持体育锻炼,身体非常健康,并且年逾80岁仍鹤发童颜,被誉为"提倡体育运动的活榜样"。

1882年,马约翰出生于福建厦门鼓浪屿。四周都是大海的自然条件提供了独特的活动空间,他在少年时代就养成了良好的运动习惯,游泳、跑步、投掷都是他最爱的日常运动。

1900年,马约翰到上海读书,先在明强中学读了4年,后又考入圣约翰大学。马约翰学的是理科,最后一年学了医科,对文科也有所涉猎,英语更是重要的必修课。在校读书期间他仍然爱好体育运动,并且运动成绩突出,他当时的中跑成绩实际上就是全国纪录或接近全国纪录。

1914年,马约翰应聘到清华大学任教,从此就一直留在清华,献身于清华的体育教育事业。在体育教育的岗位上,他孜孜不倦、勤勤恳恳地工作了52年,因此被称为"中国体育界的一面旗帜""中国体育教学第一人"。

清华自开办之日起,在全中国就是一所顶尖的学校,这里的每一个学生,都是经过严格考试从全国挑选来的学习尖子,所以,在他们入学后,学校在专业学习上的要求也很严格。

马约翰来到清华任教,学校开始并没有安排他教体育,而是让他去教化学。清华虽然是当时的先进学府,但由于时代和中国长久的治学思想的影响,清华自然也会受到中国传统儒学的影响,学生中普遍存在着只重视读书而忽视甚至轻视体育的倾向。大多数学生连正式的体育课都

不大愿意参加，生活中也没有养成体育活动的良好习惯。

为扭转这种不好的局面，增强学生重视运动的思想，学校当局不得不采取某些强制锻炼措施。例如，规定学生每天下午4点到5点，必须到室外进行体育活动。为了防止有人不执行，图书馆、教室、宿舍一律锁上，不让他们留在室内。即便是这样，一些学生仍然不愿意参加体育运动，有不少人虽然离开了教室和宿舍，却躲到树林或其他一些僻静的地方去看书或休息。

看到这种情况，马约翰主动向时任校长的周诒春建议，应该积极发展学校的体育教育。当时他有这样一个简单的想法：清华每年要送100名学生去美国学习，学生在身体方面也应该强壮一点，总不能把帝国主义蔑视中国人的所谓"东亚病夫"送去吧。

马约翰的建议得到了相关部门的重视，学校在体育设施方面很快就有了很大改进。1919年，清华在全国高校中率先建设起体育馆，马约翰本人也受聘为学校的"体育帮教"，由此马约翰开始了他的体育教育生涯。

体育"重镇"，别开生面

"自强不息，厚德载物"是清华的校训，其中"自强不息"应理解为在精神上和体力上都应不断地进行自我提升。所以，除了德育和智育外，清华也很注重体育。例如，规定学水利的学生毕业时游泳课必须考试合格。马约翰主持制定了学生体育的"五项测验"及格标准，并且在考试之时亲自主持测验，严格把关。

当时，马约翰还是出于朴素的爱国主义的目的来动员学生重视体育的。他说："从我来说，我主要是考虑到祖国的荣誉问题，怕学生出国受欺侮，被人说中国人就是弱，就是东亚病夫。因此，我常向学生说，你们要好好锻炼身体，要勇敢，不要怕，要有劲，要去干，别人打棒球、踢足球，你也要去打、去踢。**他们能玩儿什么，你们也要能玩儿什么，不要给中国人丢脸。**不要人家一推你，你就倒；别人一发狠，你就怕；别人一瞪眼，你就哆嗦。中国学生，在外国念书是好样的。因此我想到，学生在体育方面也不要落人后，要求大家不仅念书要好，体育也要棒，身体也要棒。"

针对那些离开教室、图书馆悄悄躲起来不参加运动的学生，马约翰每天都要到图书馆、小树林等地方去搜寻他们，不厌其烦地动员他们去跑、去跳、去打拳、去练剑等等。

后来，在马约翰和各有关人士的支持下，校方作出相关规定，学生必须在体育方面达到一定标准才能毕业，才能出国留学。正是这一规定，对清华体育教育的发展起了很大的促进作用。

著名学者兼作家梁实秋是清华1923年的毕业生。当时，他在毕业前的体育测验中，田径项目虽"勉强及格"，但"游泳一关最难过"，第一次没能及格，按规定要在1个月后补考。因此，在这1个月的时间里，他天天练习，最后在补考时，费了九牛二虎之力，总算游完了规定全程，这才获得主持补考的马约翰的首肯："好啦，算你及格了。"

著名学者吴宓也是清华出身，当时也曾因为跳远一项未能及格，而被马约翰整整"扣"了半年时间，而后才获准出国留学。

马约翰在清华大学立志培养学生的体育运动能力，同时，为中国培养了一大批体育人才，他也因此而成为中国现代体育运动的先驱。

1920年，马约翰接替美国人成为清华学校的体育部主任。上任之后，他大胆改革，使清华的体育水平突飞猛进，短时间内就创造了20多项全国纪录，清华也因此成为中国的体育"重镇"。上世纪50年代，清华校长蒋南翔曾说过，清华于1911年建校，马约翰1914年到清华，服务

清华的历史差不多同清华的校史同样悠久。

所有在清华上过学的学生,差不多统统受过马约翰的热心教诲。他通常是这样教育学生们:"Boy,太瘦了,这样太不行,要好好锻炼。"学生们回忆起马约翰,觉得他在体育课上有一股劲,瞪大眼睛,双手攥拳在胸前挥动,号召大家:"动!动!动!"往往说得学生们热血沸腾。

梁思成晚年时常笑着对后辈说:"别看我现在又驼又瘸,当年可是马约翰先生的好学生,有名的足球健将,在全校运动会上得过跳高第一名,单双杠和爬绳的技巧也是呱呱叫的……好了,好了,好汉不提当年勇。不过说真的,我非常感谢马约翰。想当年,如果没有一个好身体,怎么搞野外调查?在学校中单双杠和爬绳的训练,使我后来在测绘古建筑时,爬梁上柱攀登自如。"

作为体育教授,马约翰对学生的指导也别开生面,因人而异。曾经有个学生因为神经衰弱来向他诉苦,他听了,二话不说,冲着那学生的肚子就是一拳。那学生急了,他却笑了:"你说你神经衰弱,看你的紧张样子!"然后他带那个学生到球场上,让他去把别人正在比赛的篮球抢下来,和别人一起打,并且鼓励他:"你看,你神经不但没毛病,还挺不坏呢!"到了晚上,那个学生洗完澡,兴冲冲地来找马约翰,高兴地说:"现在我精神好极了,好像没病了。"

马约翰给人留下的印象如此之深,让人终生难忘记。有一位老法学家在一次论坛上,看着台下风华正茂的青年学子们,情不自禁地脱口而出:"Boys and girls, good evening!"他解释说,55年前,自己作为一名清华学子,每当上体育课,总有一位慈祥长者,就是这样用英语问候大家,给人以如沐春风之感。今天,他自己看到这么多充满活力的面孔,也就情不自禁地说了当年马约翰教授说过的话。

中国需要体育

1919年,马约翰利用难得的公假到美国春田大学去进修,他此行的目的,是专门去考察和学习美国体育教育的,整个考察历时一年。在此期间,马约翰完成了一篇题为《体育历程14年》的毕业论文。

在这篇论文中,马约翰对发展中国体育事业的认识有了更开阔的视野,也更加深了他对中国深层的忧虑:"中国是一个最古老的伟大的幸存国家,它的面积3913560平方英里,人口大约为4万万,全体人口都是羸弱或多病的,而且经历着不卫生、不健康的生活条件。这是一块人民生命不断遭到疾病折磨的土地。啊,中国需要体育,就像一个结核病患者需要治疗一样。"

1928年清华学校改为国立清华大学,新任校长罗家伦十分轻视体育,他认为,体育教学根本无须设教授一职,就下令将马约翰改称为训练员,并因此相应降低他的薪资。对此,清华许多同事都为马约翰鸣不平,有人劝他离开清华另谋高就。事实上,以他的能力与声望,到别的地方去担任教授完全不成问题。外校听到此消息,就想把他从清华挖走。

但马约翰本人却放不下这个由他参与创建的教育岗位——清华体育部,所以他根本不计较名利而坚持留在清华工作。**他说:"降职有什么关系,我教体育既不为名也不为利,为的是教育青年人锻炼身体。假如不让我教体育,那我倒真要和他干一场了。"**

1929年,华北足球比赛大会在天津举行。马约翰率清华大学队出征,荣获冠军凯旋归来。球队返校时,全校师生夹道欢迎,学生们抬着马约翰和队员走进校门。看到如此情景,校长罗家伦不得不恢复他的教授职称。

马约翰对于发展体育教育和开展体育运动的高度重视,并不仅仅是停留在爱国主义这一抽象的精神层面上,而是包括了许多具体的科学内

涵。他曾强调指出，体育是增强人民体质的科学，是使人身达到健全的科学。体育是使人获得健康的重要手段，它涉及到生理学、心理学、解剖学、人体机动学、社会学等等。

1926年，马约翰第二次赴美进修。他写了题为《体育的迁移价值》的硕士论文，全文更全面深入地论述了体育的作用和价值。在文中，他阐述了体育对于"培养人的性格——勇气、坚持、自信心、进取心和决心""培养人的社会品质——公正、忠实、自由、合作"以及获得健壮的体魄等方面都具有的重要价值。

1931年，他在清华大学的《向导》专刊上发表文章，更明确地概括了学校体育的目的有两条：（1）使学生身体健壮成长；（2）对学生进行品德教育。

围绕"品德教育"，他还具体提出在清华大学的体育活动中要发扬五种精神：（1）奋斗到底绝不退缩；（2）高尚的道德品格；（3）能为社会作出贡献和牺牲；（4）互助友爱团结合作；（5）永葆清华精神。

1936年，当中国组建庞大的队伍参加奥运会的时候，因为马约翰在清华和社会上都具有强大的号召力，所以成为中国代表团的总教练。马约翰在圣约翰大学接受过系统的理科和医科教育，又两次赴美国专门进修体育并著有重要学术论文。这样的学历不仅在旧中国有限的体育人才中极为鲜见，就是在新中国庞大的体育队伍中也是不可多得的。

▶ 体坛师表，道德为先

"体坛师表"这一极高的荣誉，马约翰是当之无愧的。他毕生献身于体育事业，不仅在清华，在全国体育界都具有很高的声望。

1942年，马约翰在西南联大任教员时，生活条件极为艰苦，有时家里竟然连菜都买不起,全家只能吃白饭。就是这样,他也不为名利而心动,接受国民党政府高薪来聘请他担任校长的职务,继续过着清苦的教员生活。

在马约翰主持的体育活动中,他对于运动员在思想品质和道德作风方面也有很严格的要求。他经常对队员们说:"球可输,运动道德不能输。""不许踢人、压人、打人。"

清华足球队当时有一名姓翟的中锋,球踢得很好,在校内甚至华北都有些名气。原本他的作风也不错,后来一次暑假期间去上海踢球,学了不少坏毛病,回到学校后就在球场上暴露出来了。马约翰非常生气,狠狠地进行了批评,并严肃告诫他:"你不改掉这些坏毛病,球队就开除你。"这位中锋听了马教授的批评,虚心接受,后来果然改好了。

马约翰强调一定要重视体育道德教育。他在《清华周刊》上发表过一篇文章,文中说:"从事运动者,道德为重……否则虽力大如牛,将如无羁之马,奔放逐斗,无往而非害事之母,如此影响其将来一生事业,实非浅鲜,故体育部极为注意于此。"

老骥伏枥,不减当年

1949年,马约翰当时已是67岁的高龄了。由于年纪的原因,他不可能像许多年轻的体育老师那样,亲自为学生做示范动作。所以,他的体育课就别开生面地采用室内讲座的方式来进行。对于学生们来说,能够上他的体育课是一种精神上的享受,得益匪浅。

首先,他在上第一堂课之前就郑重声明:"同学们,我的汉语发音不好,所以,我能不能用英语来给大家上课?"同学们一致欢呼:"好!"当年提倡一种科学的洗澡方式,他说:"年轻人,今天我将告

诉大家怎样去洗澡。洗澡的第一步是用热水，在一分钟内用肥皂擦洗好你的头发；第二步是再用热水和肥皂擦洗好你的全身皮肤和肌肉，去掉皮肤上的脏东西，然后，在一分钟内用热水洗净全身；第三步要用冷水淋浴全身，使已干净的皮肤收缩，并用干毛巾擦热皮肤，使它得到锻炼，这一步骤也应在一分钟左右结束。这样，一次洗澡总共不超过四五分钟时间，既清洁了身体，又锻炼了皮肤和肌肉，还可为公家节省水电费用，真可谓一举三得。"

70岁时，马约翰在当时的北京医学院（今北京大学医学部）作报告时，一个箭步跃上讲台，身手矫健不输当年。到1958年，他已经是76岁高龄，曾经与清华大学一位中年教师搭档，获得北京市网球比赛男子双打冠军，并获"国家一级运动员"称号。84岁临去世前，他还能做13个俯卧撑。

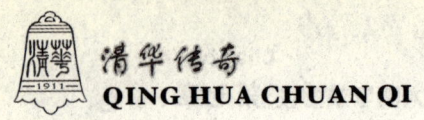

梅贻琦：开创黄金时代的"清华名片"

大师生平

梅贻琦（1889~1962），字月涵，祖籍江苏武进（今常州），生于天津。远祖梅殷是朱元璋的驸马，受命驻防天津，梅家从此成为津门望族。清末，家道中落。梅贻琦1904年入南开学堂，因品学兼优，颇得张伯苓赏识。1908年被保送保定高等学堂。次年，以第六名优秀成绩被录取为第一批庚款留学生。历任清华学校教员、物理系教授、教务长等职，1931~1948年任清华大学校长，1955年在台湾新竹创建清华大学并任校长，直至逝世。

▶ 清华的名片，永远的校长

在清华的校史上，曾经有一位校长与北大校史上"大名鼎鼎"的胡适校长卒于同年，他就是梅贻琦。

由教授到校长，连续为清华服务近半个世纪，这在中外教育史上是罕见的。他出任清华校长后创造了清华的黄金期，全面提升了清华的素质和声誉，厥功至伟，被誉为清华的"终身校长"。

1931年底,他出任清华校长,可称得上受命于危难之时。自罗家伦于1930年离职(被逐)后,清华长时期没有合适的校长人选,连续空缺了11个月,不断易人,反复被逐。国民党政府只好令在任"留美学生监督"的梅贻琦出山。

1931年12月3日,在清华大学校长就职典礼上,梅贻琦留下了中国大学史上最著名的一句话:"所谓大学者,非谓有大楼之谓也,有大师之谓也。"

他本人从来没有被称为"大师",但在他的任内,却为清华请来了众多的大师,并为后世培养出了众多的大师,因而被称为清华"永远的校长"。在遍布世界的清华校友心目中,提到梅贻琦就意味着清华,提到清华也就意味着梅贻琦。

"生斯长斯,吾爱吾庐"——梅贻琦用这八个字概述了他与清华的血缘之亲,也表达了他对清华的挚爱。他说:"学校犹水也,师生犹鱼也,其行动犹游泳也,大鱼前导,小鱼尾随,是从游也。"

梅贻琦为人重实干,时人称之为"寡言君子"。有一句话可以作为佐证,他说:"为政不在多言,顾力行何如耳。"在他的领导下,清华得以在十年之间从一所颇有名气但无学术地位的学校一跃而跻身于国内名牌大学之列。

梅贻琦曾留学欧美,他十分希望国人都能像希腊人那样崇尚体育。罗家伦出任清华校长时很瞧不起体育,把体育课的学时和任课教师砍去一半,将享有声誉的马约翰教授降格为"主任训练员"。梅贻琦到任后,立即给予他和其他系科教师同等的职称与待遇。如此这般,二人相互配合,相得益彰,把清华发展为"体育大校"。这种注重体育的校风一直延续到西南联大。

梅贻琦有自己的留学观,并撰文总结,他告诫行将赴美的学生:

"**诸君在美的这几年,亦正是世界上经受巨大变化的时期,将来有许多**

组织或要沿革，有许多学说或要变更。我们应保持科学家的态度，不存先见，不存意气，安安静静地去研究，才是正当的办法，才可以免除将来冒险的试验、无谓的牺牲。"

中西合璧真君子

1889年，梅贻琦生于天津。其父早年中过秀才，后家道中落，沦为盐店职员，甚而失业，以致家境亦每况愈下，"除去几间旧房庇身以外，够得上是准无产阶级了"。

即使这样，梅父始终没有放弃对子女的教育。梅贻琦自幼熟读经史，且善背诵。梅贻琦同事回忆说，有一次梅贻琦表示："假如你们之中有谁背诵任何中国古经传有错漏，我可以接背任何章节。"

由于生性不爱说话，梅贻琦被称为"寡言君子"。梅贻琦成为天津南开学堂的第一班学生，是张伯苓的得意门生，也是首批清华招考的留美公费生。

同届同学徐君陶回忆，自己在看榜时，见一位不慌不忙、不喜不忧的学生也在那儿看榜。那从容不迫的态度，让人根本觉察不出他是否考取，后来才知道此人是梅贻琦。

《易经》上说："天行健，君子以自强不息；地势坤，君子以厚德载物。"梅贻琦在世人的心目中，正是这样一位"君子"。

一位清华的老校友写文章纪念梅贻琦："母校以'自强不息，厚德载物'八字为校训。历届毕业同学，凡是请梅先生题纪念册的，梅先生辄书此两语为勉。梅先生一生行谊，也正可以这两句来说明。"

清华早期著名的体育教员马约翰曾经这样评价梅贻琦："他有他的人格……真君子Real Gentleman的精神。梅先生不但是一个真君子，而

且是一个中西合璧的真君子,他一切的举措态度,是具备中西人的优美部分。"

爱家爱国,儒雅谦冲

曾经一位西哲这样说过:"教育的出发点就是爱。"梅贻琦爱家,爱国,爱生如子。他家中有姐弟多人,等到么弟贻宝出世时,家中已日暮途穷,奶妈都辞了。10岁的梅贻琦当了婴儿贻宝的"奶妈",每天都要喂弟弟奶糕,照料弟弟。留洋期间,梅贻琦从牙缝中抠出十元五元,不时寄回家中济穷,助弟弟们上学。回国后他供职清华,此时说媒提亲者踏破门槛,为赡养父母,帮助弟弟们上学,他决计不考虑自己的婚姻,直到30岁时才与韩咏华结婚。

早在1927年,他对清华游美预备部毕业班作临别赠言时,意味深长地说:"赠别的话,不宜太多,所以吾最后只劝诸君在外国的时候,不要忘记祖国。"

1931年,他在出任清华校长的就职演说中强调:"中国现在的确是到了紧急关头,凡是国民一分子,不能不关心。""刻刻不忘了救国的重责。"他号召师生:"我们做教师做学生的,最好最切实的救国方法,就是致力学术,造成有用人才,将来为国家服务。"

次年,在纪念"九一八"事变一周年纪念会上,他沉痛地说,此会是"国难追悼会"。面对东北地图变色的悲剧,他坚信**"不甘沦为奴隶的民众,将群起而图之"**,他认为:**"东北三省虽亡,东北人心未死……有此民族精神存在,则东北将不致终亡。"**

在西南联大时,到梅贻琦家做客的人都会吃到梅夫人的"定胜糕"——在米糕上嵌有"定胜糕"三个字,以表达他们对抗战胜利

的信心。

梅贻琦爱生如子。他说："学生没有坏的，坏学生都是教坏的。"1936年2月，警察局到清华大搜捕，逮捕数十位无辜的同学。因为潘光旦时为清华的教务长，学生们误认为是潘光旦向当局提供的名单。潘光旦腿有残疾，只有一条腿，没有了双拐，只能用一条腿保持身体平衡。梅贻琦挺身对学生说："你们要打人，来打我好啦。你们如果认为学校把名单交给外面的人，那是由我负责。"

他对情绪激动的同学们说："晚上，来势太大，你们领头的人出了事可以规避，我做校长的是不能退避的。人家逼着要学生住宿的名单，我能不给吗？我只好抱歉地给了他们一份去年的名单，我告诉他们可能名字和住处是不大准确的。……你们还要逞强逞英雄的话，我很难了。不过今后如果你们信任学校的措施与领导，我当然负责保释所有被捕的同学，维护学术上的独立。"

"梅贻琦先生可以回来嘛！他没有做过对我们不利的事。"周恩来的这句话，可视为共产党对梅贻琦的政治定位。

陈鹤琴：一生为童稚的幼教大师

大师生平

陈鹤琴（1892~1982），我国现代著名的教育家，我国现代幼儿教育的奠基人。1911年秋考入清华学堂，就读高等科一年级，1914年毕业赴美留学，1917年获约翰·霍普金斯大学文学学士学位，1918年获哥伦比亚大学教育硕士学位，翌年回国受聘南京高等师范学校教授。中华人民共和国成立后，先后任中央人民政府政务院文教委员会委员、华东军政委员会文教委员、文字改革委员会委员。陈鹤琴提出活教育理论，重视科学实验，主张中国儿童教育的发展要适合国情，符合儿童身心发展规律，呼吁建立儿童教育师资培训体系。编写幼稚园、小学课本及儿童课外读物数十种，设计与推广玩具、教具和幼稚园设备。一生主要从事于一系列开创性的幼儿教育研究与实践。

▶ 走出家门进清华

1911年6月间，初夏时节，陈鹤琴的小哥鹤云无意中从报纸上看到清华学堂在国内招考的消息。按规定，凡年龄在15岁至18岁者皆可报

名投考。初试由各省提学使主持，复试由学部尚书主持。这时陈鹤琴19岁，已经过了报考年纪。经不住小哥和蕙兰几位老同学的怂恿，他把年龄少报了一岁，终于报上了名。

距1909年8月首次招考庚款留美学生，此次已是清华学堂第三次招考，对考生要求，要通晓国文、英文，还须"身体强健，性情纯正，相貌完全，身家清白"。

当时，浙江省报名的考生一共只有23人，主考官是一位姓袁的提学使，监考官是浙江巡抚增韫。考试科目有三门：国文、英文、算学。23名考生中取前十名，陈鹤琴位居第九，幸运地通过了初试。

过了几天，通过初试的考生每人领了20块银元作为路费北上京城参加复试。这是陈鹤琴有生以来第一次出远门，从前他最远的地方只去过杭州。杭州到北京相隔千里，路途遥远，陈鹤琴就这样走出家门，走向清华。

陈鹤琴曾受业于蕙兰和圣约翰，生性活泼、开朗。头场考试下来，一共取了160名参加复试，陈鹤琴位列第82名；复试下来，取了100名，陈鹤琴位列第42名。

考试结束后，陈鹤琴在同学姚天造的引荐下，找到了本地有名的士绅范烟泰先生作保，终于被清华学堂录取，成为第三批庚款留学生。

陈鹤琴怀着忐忑不安的心情走进了清华校园，这个来自江南小镇的20岁年轻人，开始了自己新的人生。陈鹤琴与吴宓谈起出国留学的事情。在陈鹤琴的心目中，美国这个大洋彼岸的遥远国度，仍然是一个梦，一个充满光明、充满活力、充满勇敢和传奇的美丽国度。陈鹤琴在上海等待办理留美手续期间，曾回过一次家乡，奉母之命，订下了自己的终身大事。

陈鹤琴在自述中说，他在清华读书的时候，还做了两桩有意义的事情：一是组织一个同志会；一是办了一份报纸。同志会的名字叫做"仁

友",就是取"以文会友,以友辅仁"的意思。宗旨非常纯正,不外切磋学问,砥砺品行,联络感情,互相协助。当时的发起人都是几个天真烂漫的小孩子。陆梅僧、姚永励、李权时、张道宏、李达、汪心渠和陈鹤琴等几个人要算重要分子。他们常常在一起讨论学问,规劝过失,还油印一张小报以资鼓励。这个小小团体保持了好几年,于个人于学校都有极好的影响。

学前教育目标

教育是一个国家的发展大计。学前教育课程是学前教育的支柱。学前教育课程是为学前儿童设计的课程。培养什么样的人,用什么来培养,又采用什么方式去培养,这是学前教育课程研究所要解决的主要问题。

陈鹤琴是中国近代最早研究学前教育的人。他在中国二三十年代学前教育课程实际的基础上,从身体、智力、情感等方面提出了自己的幼儿教育目标。他认为,教育目标首先要解决"做怎样的人"的问题。通过教育,培养出的人应该具有"协作精神、同情心和服务他人的精神","应有健康的体格,养成卫生的习惯,并有相当的运动技能","应有研究的态度,充分的知识,表意的潜力","应能欣赏自然美和艺术美,养成欢天喜地的快乐精神,消泯惧怕情绪"。

1927年2月,陈鹤琴与陶行知、张宗麟等一同发起成立幼稚教育研究会,团体会员有鼓楼幼稚园、晓庄师范学校和东南大学实验学校。同时,他创办了我国最早的幼稚教育研究刊物《幼稚教育》,并担任主编。

由此可见,在二三十年代,陈鹤琴就提出了比较符合学前儿童身心特点、并适合未来社会全面发展的培养目标,是难能可贵的。

六十多年后，陈鹤琴写下了这样的文字：一切为儿童，一切为教育。

幼儿教育之道

作为一个儿童教育家，陈鹤琴呕心沥血地探求儿童的习惯、言语、情绪、心理，用慈母般的爱心去精心抚育儿童。他试行家庭教育的成功，受到了全国乃至世界各国的认可。

陈鹤琴研究幼儿教育主要从观察和实验入门。1920年，为了更好地进行研究，他首先以自己的第一个孩子一鸣为对象，开始他的研究工作。从孩子出生那天起，他就每天对其身心变化和各种刺激反应进行周密的观察与实验，并作出详细的文字和摄影记录。由于当时尚在南京高等师范学校任教，为掌握第一手资料，他特意请假在家，将一鸣每天从早到晚的活动，都作了摄影。

陈鹤琴给一鸣尝甜的、酸的、苦的东西，以观察其表情变化。他还把一鸣抱到课堂去给学生当活教材。发现一鸣喜欢画画，有时边画边说，他就把一鸣作画的日期、年龄及对画的解释都记下来，并完好地保存了100多幅。他连续花了808天的工夫，积累了大量的材料，具体剖析了孩子的身体、动作、心理、性格和言语等各方面的发展规律。

经过3年的观察和实验，陈鹤琴写成了《儿童心理之研究》和《家庭教育》两本著作。这两本书至今仍有重要的指导意义。**陈鹤琴认为，无论什么人，受激励而改过很容易，受责骂而改过却比较难。小孩子尤其喜欢听好话，听鼓励的话，而不喜欢听恶言。**

陈鹤琴提倡利用儿童的好奇心，引导探索究竟的教育方法，而不是谢绝小孩问难，也不赞赏有问必答。

1923年秋，陈鹤琴在自家寓所里创办了中国首个幼教试验基地——

南京鼓楼幼稚园,把他家的客厅变成了12个流浪儿的课堂。直到1977年的"六一"儿童节,85岁的陈鹤琴才得以重返自己一手创建的幼儿园。南京鼓楼幼儿园原主任姚稷珊回忆说:"他来了以后一看,说这个地方原来他栽了一棵绣球花,还有杏子树,都没有了,一副很惋惜的样子。"

1940年,陈鹤琴在"满目松林,遍地野草"的浙江省文江村大岭山,创建了中国第一所幼稚师范学校。那时,陈鹤琴已经是年近半百了。

创建之初,学校没有围墙,也没有校门,只在两棵松树间横一个牌子,上面写着"国立幼稚师范学校",字的下面画一只红色的小狮子。陈鹤琴常对学生说:"我们的幼师,就像一头觉醒的小狮子。"

陈鹤琴自己就像是一只老狮子,为了教育,不辞辛劳,奉献出自己的一切。时至今天,学生楼鸣燕仍记得,老校长陈鹤琴的那份童心与洒脱是多么难得。

那是1941年中秋节的晚上,月亮好得很。在这样一个美好的夜晚,陈鹤琴组织学生开了一场月光晚会。师生们围在大礼堂前面的平地上,周围是松林。在深蓝色的无云天幕下,大家弹琴,唱歌,讲故事。后来,学生们高呼:"校长来一个!"年过半百的陈鹤琴毫不犹豫地拿起棍子,唱道:"我是一个小兵丁……"

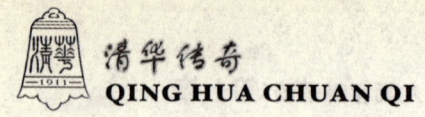

叶企孙：中国教育史上不朽的传说

大师生平

叶企孙（1898~1977），号企孙，又名鸿眷，1898年生于上海。中国卓越的物理学家、教育家，中国物理学界的一代宗师。其曾祖蔼臣公曾于清朝道光年间为官，晚年精修礼学，分纂《同治上海县志》；其祖父叶佳镇曾得国子监典簿衔，官至五品；其父叶景澐曾任敬业学堂校长、清华学堂国文教员、上海教育会会长等职，分纂上海县志。叶企孙1918年毕业于清华学校，旋即赴美深造。1920年获芝加哥大学理学学士学位。1923年获哈佛大学哲学博士学位。1924年回国，历任东南大学副教授，清华大学教授、物理系主任和理学院院长。他还是中国物理学会的创建人之一，曾任该会第一、二届副会长，自1936年起任会长。1948年被评为中央研究院院士。1952年，院系调整时调往北京大学。1955年当选为中国科学院学部委员。

创建清华物理系

说叶企孙是中国科技的基石，一点也不为过，原因很简单：他是杨振宁、李政道等国际知名学者的老师；"两弹一星"功勋奖章获得者

中,有半数以上是他的学生。他创建了清华大学物理系,并培养出50多位院士。早在读博士时,他就因论文《普朗克(Planck)常数的测定》而名声大噪。

叶企孙本人是哈佛大学博士,上世纪20年代,他在测定普朗克常数这一实验物理学的重要课题上,获得当时的最佳数据,曾长期在国际上沿用。

1924年,叶企孙学成归国,一年后返归清华,与张子高、郑桐苏等人一道,担任物理、化学和数学的教学工作。

受"五四运动"精神的推动,叶企孙主张清华自办本科。1925年清华建立大学部,1929年创立文学院、理学院、法学院,叶企孙与冯友兰、陈岱孙一起主持各院的创建工作。叶企孙还聘请了物理系的吴有训、萨本栋,数学系的杨武之、熊庆来,化学系的萨本铁、黄子卿、高崇熙等。

北伐战争以后,清华大学改为国立。在梅贻琦校长主持下,以叶、冯、陈诸院长和教务长、总务长组成的评议会,以及教授会的领导下,清华飞速发展,到30年代中期业已成为闻名中外的中国大学。

抗战中,清华、北大、南开在昆明联合成立西南联合大学。到20世纪30年代初,清华理学院已增设生物系、地学系(包括地质和气象)、心理系;1931年又成立工程系,后改为土木系;以后逐年增设电机系、机械系、航空系等,并成立工学院。所有这些系科的增设、教授的聘请,都倾注了叶企孙大量的精力与心血。

他当时招收了大量研究生,为我国培养了许多学术人才。如吴晗、费孝通、彭桓武、陈省身、许宝禄、林家翘、汪德熙、陈新民、赵九章等,都曾在清华研究院学习过。为了给国家积蓄科技力量,叶企孙在昆明用清华基金设立农业、无线电、航空等5个研究所。

打破常规、触类旁通

叶企孙在教学工作中强调"无为而治",也就是实效。在讲课的时候,叶企孙总是从听课学生的特点出发,摒弃一般讲员以教学体系为中心或是以教师自我为中心的"满堂灌"的教学方式。叶企孙从不为了赶进度而讲课。他强调讲课内容要少而精,并且常将教学大纲中不必要的内容舍弃掉。

资深院士胡宁是原北京大学理论物理所所长,30年代曾听过叶企孙讲课。据他回忆,叶企孙慢慢地讲解课的内容,斟酌着每一句话、每一个字。在讲课的同时,不断地对他所讲的物理问题仔细地分析和推敲,好像自己也是初次接触到这个课题一样。听课的同学自然而然地受到他的感染,跟着他一起思考。当叶企孙得出一个重要结论或导出一个重要公式时,大家都有一种共同创造科研成果的新鲜感。

老清华物理系那时课程不多,但都是精选的重点课。叶企孙倡导课余自学参考书,每讲完一个课题后,他总是给同学们列出一些相关的参考书,引领大家渐入佳境。

在教书育人方面,叶企孙敢于打破常规,"独断专行"。他支持熊庆来,把只有初中学历、做小店员的华罗庚一步步擢升为大学教员,让他登上清华的讲坛。这是至今为人们所传颂的。一位被旧社会称之为"听差"的青年勤杂工,叶企孙将他聘为仪器保管员,并辅助教授们讲物理课。这位工人,就是后来被抗日名将吕正操赞誉为"中国爱国知识分子的一个典型"的阎裕昌烈士。

叶企孙不但对本专业有很深的造诣,而且善于触类旁通地运用其他学科的知识教育学生。有一位学生物理和数学学得不好,但文史科目考得很好,他就举例说,学《史记》就要弄清为什么司马迁要用"志""本纪""列传"这样的体系框架来描写这一段社会历史的发

展。读史贵在融会贯通，弄懂它，而不是去死背熟读某些细节。学物理也是一样，也是重在弄懂，不要死背公式、熟记定律，懂了自然就记得，会用就肯定忘不了。所以，能学好历史，同样也能学好物理。

视学生如子女，严师出高徒

在清华，叶企孙是最受学生欢迎、最善于接近学生的大学教授之一。他的家是学生们最爱去的地方。他对每一级入学新生都要亲自面见，逐个谈话，甚至在小本子上记下学生的相关信息。

《中国科技的基石》作者之一、叶企孙的学生虞昊回忆说，叶企孙不善言辞，给人一种很严厉的印象，而接触过他的学生都对他非常敬爱。虞昊记得，在刚入学不久，全班30多个学生就被叶企孙请到自己的宿舍小聚，在聚会上叶企孙逐个和学生谈话，了解学生的学业和家庭状况。

有个高个子同学家境不好，衣衫破旧，叶企孙对他说："以后有困难就来找我。"后来，"找叶先生去"真的成了学生们遇到困难时常说的话。

有一年暑假，王淦昌手头拮据没钱回家，叶企孙知道后便说："我给你钱，回家去吧。"

1998年，李政道在上海敬业中学纪念老师叶企孙诞辰100周年大会上说："他（叶老师）对我说：'你的实验不行。若实验不行，则理论分数绝不给100分。'叶师这番话给我的印象极深。叶师不仅是我的启蒙老师，而且是影响我一生科学成就的恩师。"

可以说，没有叶企孙就没有后来的李政道。李政道入学后不久，叶企孙即发现他的自学能力超常，理论基础高过同辈。因此，叶企孙让李政道不必再来听自己讲的理论课，而专攻实验课。要他通过物理实验的实践建立深刻的感性认识，从而深入地认识理论与实验的关系，牢牢地记住任何理性思维绝不可脱离实验根据。李政道当年上大学二年级时的理论考试试卷，叶企孙一直完好地珍藏着，足见他对学生的一片良苦用心。

抗战期间，西南联大的教授们生活极端艰苦，连吃饱饭都很困难。叶先生却省出自己的工资，买了两包糖果糕点，招待听他热力学课的全体同学。他对大家说："目前困难是暂时的，抗战一定会胜利。你们一定要锻炼好身体，努力学习，将来为祖国争光。一定要大公无私，不计名利。"

半个世纪后，当年的学生还深深铭记着茶话会结束后叶企孙的背影，总忘不了这位将一群离家求学的学生当成自己儿女的慈父般的老师。

叶企孙去世后，遗物中有许多信件，都是离校多年的学生写给他的，内容多是向他汇报工作、科研情况。

学术自由，蔚然成风

20世纪30年代，清华大学物理系在叶企孙和吴有训的指导下得到很快发展，两人鼓励在学术问题上自由争论，鼓励学生选修化学、数学甚至机械、电机、航空等外系课，系内学术空气浓厚，师生打成一片。

学术讨论"无时无地不在"，有时为一个学术问题，可以一直从课堂上争到课堂下。系里经常有学术研讨会，有时还有欧美著名学者的短期讲学、学术访问。

丹麦著名物理学家玻尔、英国学者狄拉克、法国学者朗之万、美国信息论创始人维纳和欧洲航空权威冯·卡门等人，都在1934～1937年间到清华讲过学。在清华，同学们接触到了世界上科学发展最前沿、尖端的问题和观点。

在同学们看来，虽然叶企孙的口才不是太好，除了口吃，还带有上海音，但讲课的逻辑性很强，层次分明，讲物理概念的发展和形成过程特别深入，引人入胜。叶企孙博览群书，他把金属学期刊上发表的论文中最新出现的科研成果也吸收进了自己的讲稿。

叶企孙非常重视科技图书资料的收集。他利用去欧洲的机会，去瑞士的文化科技城——苏黎世的旧书铺，搜集19世纪下半叶到20世纪前半叶之间的著名科学家的专著、全集、选集和历年过期的有名科技学报、期刊，并代学校购买。

在叶企孙的书房和客厅里，到处都是一堆堆的书。他经常阅读英国出版的《自然》杂志，了解科学技术最新发展的报道，从而引导学生关注和讨论。

叶企孙极为重视国家当时科研上的空白领域，并鼓励学生将来去补缺。他动员学生王大珩和龚祖同去英国学玻璃工业技术，涂长望学气象，钱临照学金属物理，傅承义去美国学地震，赫崇本学海洋学，赵九章学海洋动力和海浪，王遵明学铸工和热处理等。

《地雷战》中地雷是谁造的

直至今日，叶企孙仍是一个罕为公众所知的人物。即便知道，对不少人而言，他也仅仅意味着一段传奇：清华大学教授，帮助抗日军民造地雷炸药。

许多人无数次看过《地雷战》，在这部著名的电影中，种种巧妙的地雷和神奇的炸药，全部是农民兄弟创造发明的。这段历史的真相是，抗战初期，清华大学理学院院长叶企孙最亲密的学生熊大缜投笔从戎，到吕正操将军领导的冀中抗日根据地，利用专业知识为部队制造烈性炸药、地雷、雷管、无线电等军需品。之后，又有一批清华师生职工受叶企孙派遣，穿越日军封锁线进入冀中，以技术支援抗日游击战。叶企孙本人则在天津，在日军监视下组织大学爱国师生秘密生产TNT炸药、无线电发报机等，偷运至冀中供应抗日部队。有美国外交官曾深入抗日根据地，考察回国后称，冀中的各色地雷不逊于美国的火箭，美国掌握的技术中国的晋察冀都有了。

为解决技术上的难题，叶企孙一度考虑过亲赴冀中，后被劝阻方才作罢。他的学生回忆说："叶先生在天津从事那些活动所冒的风险，一定程度上说比去冀中的风险还大。先生虽有慎行、冷静、超然于政治之外的品性，但在那民族生死存亡之际，祖国需要忠勇之士的时候，他站出来了。"

在另一场灾难中，超然的叶企孙也未能幸免。熊大缜从军后不久，被怀疑为钻入革命队伍的特务，被秘密逮捕并处决。

"文革"开始后，熊大缜特务案被重新提出并进一步调查。叶企孙被诬为国民党中统在清华的头子，被红卫兵揪斗、关押、抄家，并被送往"黑帮劳改队"。

1968年，叶企孙被正式逮捕关押，后来，由于"内查外调"查无实据，他被放回北大，在"特务嫌疑犯"的莫须有罪名下继续受到打击和监视。

叶企孙出狱后，住在斗室中，本来风度翩翩的名教授，腰已经弯到了90度，但他从无一句怨言。朋友来看他，想听他诉说遭遇，他从书架上取出《宋书·范晔传》读了一段范晔在逆境中的自述，以表白自己的心境："吾狂衅覆灭，岂复可言，汝等皆当以罪人弃之，然吾平生行己任怀，应犹可寻。至于能不，意中所解，汝等或不细知。"从中可见叶企孙的情怀和风范。

1977年1月，叶企孙在北京逝世，终年79岁。他的传记作者虞昊和黄延复感慨：试问，即便在今天，能够"做到这份上"的，有几人？

顾毓琇：文理融通的奇才教育家

大师生平

顾毓琇（1902~2002），字一樵，江苏无锡人。著名科学家、教育家、诗人，在音乐和佛学上也有很高的造诣。1915年考入清华学校，1923年毕业后赴美攻读电机工程，1928年获得麻省理工学院博士学位。23岁时发明《四次方程通解法》，是基础数学突破性的成果。在电机发展史上，他是公认的国际权威，26岁时发明的"顾氏变数"以及100多篇论文和专著，为他在国际电机领域中奠定了崇高的地位，他是第一个获得国际电工与电子界崇高荣誉"兰姆"奖章的中国人。从20世纪50年代开始，他与美国科学家维纳等人开创了现代自动控制理论体系，被公认为该领域的先驱。

▶ 博学多才的"国际桂冠诗人"

1915年，顾毓琇进入清华学校。在清华大学时，顾毓琇和同学闻一多、梁实秋、熊式一等组织了清华文学社。闻一多是著名的诗人，他有一首名作为《红烛》。

闻一多像红烛一样为了创造光明而牺牲了生命，1946年被暗杀。顾毓琇为他写了一首《南歌子》，前半首是：

　　文艺复兴也。佳音在那边。莎翁巨著译文全。功不唐捐，终为国人先。

　　1931年回北京清华大学任教，和许多著名学者相交过甚。比如胡适，顾毓琇在他逝世后写了下列诗句：

　　箴言永在作新民，风气开来仰哲人。

　　欲使文章成白话，却离世俗出凡尘。

　　又如哲学家冯友兰，顾毓琇为他写了一首绝句：

　　泰山霞举忆游踪，贞雪千年伴古松。

　　两度登临尘虑去，俨然道骨御仙风。

　　和历史学家陈寅恪，顾毓琇谈到了旧游的事：

　　山色湖光孰与京？昆明讲学待清平。

　　衡峰赏月星明灭，蒙自泛舟客醉醒。

　　在文学上，顾毓琇继承了先人的文化传统，接受了名师的指点教育，和当代名流学者多有交往。因此不但成了一位杰出的科学家，而且是全世界的桂冠诗人。

　　1938年顾毓琇被任命为教育部常务次长，1944年被任命为中央大学校长。那时，他为抗日战争时期参军的女大学生写下了鼓励投笔从戎的诗篇：

　　好男谁说不当兵？好女今朝亦请缨。

　　红玉临戎振士气，木兰报国逞豪英。

　　从诗中，顾毓琇的爱国之情溢于言表。

　　清华大学的同学孙立人成为中国远征军在印度缅甸的司令官，顾毓琇在1943年去印缅参观时，写了下列爱国的诗句：

　　兰伽师训扬三竺，缅北功高震昊天。

　　抗战胜利之后，顾毓琇于1950年赴美讲学，先后在麻省理工学院和

宾州大学任教授。宾州大学是电子计算机的发祥地，顾毓琇又把科学和诗融于一炉：

万能电子为人用，此处发明计算机。

神速无妨精又确，工程科学共飞驰。

著名学者周谷城称其诗是"思飘云物外，诗入画图中"，赞其词为"横笛弄秋月，长歌吟松风"。作为一位蜚声中外的杰出诗人，他一生共创作新旧体诗词、诗歌6000余首，词曲1000余首，一些专家认为这"几可逼近南宋多产诗人陆游8000余首之水平"，在海内外享誉甚高。1977年，国际联合桂冠诗人组织赠予他"国际桂冠诗人"的称号。

顾毓琇还是我国现代话剧的先驱之一。早在留美期间，他就与洪深、余上沅和熊佛西等人一起倡导"国剧"。1925年，由他与梁实秋、冰心、闻一多等编导演出的《琵琶记》（英语）在美国的音乐戏剧中心波士顿大学公演，引起各界好评，是开中国现代话剧之先河的作品之一。此外，顾毓琇对古典音乐也有很深的修养，破解了许多中国古代乐谱中的疑难，曾将姜白石的自度曲谱翻成五线谱，在国际上公演。他的三四八频率曾于1940年作为中国学术界的黄钟标准音。他还是第一个把贝多芬的《第九交响曲》翻译成中文的人，曾任中央音乐学院前身国立音乐院的首任院长。

携手清华学子科技报国

1932年顾毓琇回到母校任教，任电机工程学系主任，居住西院16号，这里记载了他难忘的生涯。翌年升任工学院院长，成为当时清华大学领导层核心成员之一。

"九一八"事变后，日本已显露侵略中国的野心，局势日益严峻。

面对危急形式,他大声疾呼:"国难日亟,平津垂危,我们从事于教育事业的人,都应该有深刻的觉悟。我们应该平心静气地想:怎样可以尽我们最大的努力,来挽救中国的危局。""利用工程的知识和方法来帮助国家解决国防和民生问题,便是我们工程师的天职。"

1933年初,清华研制出6500余副防毒面具,供给抗日前线将士。1936年,绥远战役爆发后,傅作义发现原装备的意大利产防毒面具因冬季天气冷而失效,请求清华制作防毒面具应急。军情紧急,清华立即动员起来,任命顾毓琇为总负责人组织协调机械、化学等系师生研制出新的防毒面具。他代表清华大学亲赴前线,送给傅作义部队200副试用。试用效果很好,军方当即又向清华定制10000副。清华组织近百名工人紧急制作,1937年2月将这批防毒面具送到一线将士手中。当百灵庙大捷后,顾毓琇又亲往祝贺。清华的抗日爱国行动,受到前方将士的欢迎与高度评价。

顾毓琇是一位传奇式的全才。在自然科学领域,他成就突出,组织机械系航空组师生开展航空研究,自主设计的风洞一次即告成功,这是中国第一个风洞,意义重大,轰动一时。在诗词歌赋、戏剧创作和导演、史学、教育等诸多方面,他也广泛涉猎,精深造诣而闻名遐迩。1937年卢沟桥事变后,清华、北大、南开南迁长沙组建临时大学,顾毓琇随同,后于次年1月离开,担任教育部政务次长。他虽离开了清华,但对清华始终充满浓浓的感情。2001年,顾毓琇移居美国。在生病住院时,这位百岁老人的手已握不稳毛笔,他在毛笔上套了一个棉制圆环,写下了苍劲有力的"清华电机系七十周年"。这是他最后的题词,也把眷念永远留在了清华园。

周培源:"这辈子不是我追求的"

大师生平

周培源(1902~1993),著名力学家、理论物理学家、教育家和社会活动家,中国近代力学事业的奠基人之一。出生于江苏省宜兴县的一个书香门第,其父是清朝秀才。中学时期在上海圣约翰大学附属中学学习。1919年考入清华学校中等科,1924年自清华学校高等科毕业。同年赴美国,在芝加哥大学学习,1926年获学士、硕士学位。1927年到美国加利福尼亚理工学院攻读研究生,做相对论方面的研究,1928年获博士学位。同年秋赴德国莱比锡大学,在海森伯教授指导下从事科学研究。1929年赴瑞士苏黎世联邦工业大学,在泡利教授指导下从事理论物理研究。1929年回国,任清华大学物理系教授。周培源主要从事流体力学中的湍流理论和广义相对论中的引力论的研究,奠定了湍流模式理论的基础;研究并初步证实了广义相对论引力论中"坐标有关"的重要论点。在教育和科学研究中,一贯重视基础理论,同时关注和支持新技术的研究。在组织领导中国的学术界活动、推进国内外交流合作方面作出了重要贡献,培养了几代知名的力学家和物理学家。

独自骑马去联大上课

1929年秋，周培源27岁。他应清华大学第一任校长罗家伦之聘，从瑞士回国，担任清华物理系教授。

在当时，清华只有3位教授是30岁上下的青年，他们的学识才华、风度气质，深受同学们的爱慕与敬仰，被谐称为"清华三剑客"，周培源为其中之一。

1938年5月4日，西南联合大学在昆明开学。周教授的住处在城外西南郊的一个小山村里，西南联大的校舍在城西北，陆路相距有19公里，走水路则要3个半小时。

为了不耽误给学生上课，周培源买了一匹马来解决交通工具问题。这匹马是出自云南西部的永北马，毛色枣红，骨骼粗壮，强健有力，并赠其佳名曰"华龙"——"中华之龙"。

每逢周一、三、五，是周培源去学校上课之日。他5点多钟便起床，喂好马，备上鞍，把两个女儿放在马背上，自己牵马步行，把她们送到车家壁，然后独自骑马去西南联大。到每周二、四、六不用上课时，早上他送过女儿，便驱马到山上吃草，自己在一边当起了马倌。

就这样，周培源以马代步，每天驰驱在山村与学校之间。远远看去，他那精瘦的躯干凛然地骑在马上，看起来还颇有几分威武，由此物理系教授饶毓泰便戏称他为"周大将军"，一时间，这个外号在联大的教员与学生中广为流传。学生们十分喜欢"华龙"，课余常常给它添豆子喂草料。周教授这样"单骑走联大"，在当时看来，也真可算是当年昆明"一景"了！

不过，在这份洒脱豪爽之中，也未免有几次让人着实担心的事故。在一次骑马上课的途中，周培源的马不知道由于何因，突然受了惊吓，一下子把他从马背上摔了下来。周教授当时一只脚挂在脚蹬子上不得脱

身，被马强拖着跑了很长的一段路。幸好一位路过的农民把马拦住，周培源才幸免于难。

还有一次，因学校有事，周培源回家时天色已晚，不幸的是马也迷失了方向，周培源连人带马摔到一条沟里。即使是这样，他依然风雨无阻，按时到校上课。

报效中华，毅然回国

周培源一心以科学救国为己任。抗战期间，他不得不放弃了自己正在研究的，但是却不能直接为抗战服务的相对论，毅然转向应用价值较大的流体力学难题——湍流理论的研究。

1940年，他写出了第一篇论述湍流的论文，发表于该年的《物理学报》上。也就是这篇文章，奠定了湍流模式理论的基础，是他一生中发表的最重要的论文之一。

1941年，周培源第二次得到休假机会，利用这段时间，他带领全家赴美，为的是参加美国组织的战时科学研究。

1945年，周培源在美国《应用数学季刊》上发表题为《关于速度关联和湍流脉动方程的解》的论文，立即在国际上引起行家们的关注。

鉴于周培源在湍流理论上作出的卓越成就，美国政府邀请他参加战时科学研究与发展局的科研工作，做鱼雷空投入水的项目。这样，终于使周培源有了以科学为武器参与反法西斯斗争的机会。

战后，美国海军部成立了一个海军军工实验站，希望周培源参加。周培源考虑二战已经结束，没有必要再留在美国，再次婉言拒绝加入美籍。

1946年，国内战事又起，亲朋好友都劝他不要回国。但周培源仍于次年2月与夫人携3个女儿毅然回到他日夜思念的多灾多难的祖国，继续在清华任教。

一年以后,周培源再次应邀赴英国参加国际应用力学大会。由于国民党政府在国际上的地位一落千丈,在理事会开会和会议宴请时,大会主席竟十分瞧不起地把他的座次排到最后和倒数第二。他深深感到,即使作为一名科学家,在他从事国际科学交流活动的背后,也必须有一个强大的祖国作后盾。

1949年北平解放后,周培源先后出任清华大学教务长和校务委员会副主任等职,承担了大量学校领导工作和教务工作。1952年全国高等学校院系调整之后,周培源离开清华到了北大。

▶ 诲人不倦,为人师表

一位50多年前听过周培源讲课的院士说:"第一次听周老讲理论力学课时,他向我们提出了一个我们从未思考过的问题——牛顿的三大定律可不可以归结为两大定律?这一下把我们都难住了。然后,他一步步向我们解释牛顿力学并不是孤立的、没有内在联系的三大定律,一切物理理论都有它的内在逻辑。正是这第一课,激发起我对理论物理学的浓厚兴趣。"

周培源任教时,主讲理论力学和相对论等理论物理课程,这种专业理论性很强却很枯燥。而他的课讲得生动有趣、富有深度和逻辑性,出题和解题思路也非常之妙,因而常能把学生带入一个全新的境界。以致半个世纪之后,他的一些学生还能清楚记得他的第一堂课、第一次考试和第一次听他的学术报告的生动情景。

周培源的一位学生说:"周先生经过多年积累,收集了各式各样的力学难题,有时就以这些难题作为习题或考题让同学们做,目的在于训练同学们的思维方法,让同学们明白,在探索某一问题的科学解答时,

首先要找出解决这一问题的正确思想方法，否则你就会陷入误区。"

更为可贵的是，周培源教了一辈子书，有些课程内容已熟得可以"倒背"出来，但每次讲课他都认真备课，写出新的讲课提纲。

一位学生刚毕业，即将走上科研岗位，周培源特意把他约到自己的书房里，郑重其事地向他提出3条建议：

"第一，在毕业后的一年内，要把过去所学的主要课程，不管对现在的科研工作有没有用，都复习一遍。有些可能你从事的专业永远也用不上，但这些课程中的一些解决问题的思路、方法和技巧，很可能对你今后的工作会有重要启发。这些都是基础，基础不牢就盖不了高楼。毕业后不抓紧复习巩固一下，过几年就会忘光了。到时候再补，不如现在巩固效果好。第二，搞科研就像打仗一样，开始实力不够，不能搞全线出击，一定要重点突破，抓住一点深入下去。科研不同于教书，它是创造性工作，千万不能搞万金油，样样通、样样不精是不行的。第三，科研工作是十分艰苦的，一定要勤奋。我这个人就很笨，但我勤奋，要以勤补拙。"

这些至理名言，都是周培源多年科研实践的总结，他的许多学生按照此教诲去做，都取得了非常好的效果。

60多年来，周培源以自己卓越的学识、见解和独特的人格魅力，感染着一代又一代青年学子。

"这一辈子不是我所追求的"

1987年，周培源将其父亲在家乡遗留下来的600多平方米的住宅捐献给家乡人民作为科普文化活动站。

1989年，周培源及夫人王蒂把他们在中华人民共和国成立后用自己的部分工资收藏多年的145幅珍贵古代书画捐赠给无锡市博物馆。为此，无锡市政府向他们夫妇颁发了一笔奖金。周培源夫妇立即将这笔奖金的大部分，分别捐赠给他们所在的工作单位北京大学和清华大学附属中学作为科学基金与奖学金。

在1990年5月，周培源又把这笔奖金中的一万元人民币捐赠给中国振华基金会作为奖学金，用于资助鼓励社会上科技、教育事业的发展，目的是"让人人享受科学技术的恩惠"。不论何时，周培源都关心着教育事业。

周培源对于国家的社会主义建设事业极为关心。现在已经建成的三峡工程，他曾经在初期阶段作出过很大贡献。早在50年代，国家考虑建设长江三峡水利枢纽工程，他曾两次到武汉参加三峡工程会议，并同会议全体人员前往三斗坪考察预选的大坝坝址。

到80年代后，周培源在阅读了全国政协调查团关于三峡工程的报告和许多其他有关材料后，认为三峡工程不适宜在近期建设。

当时周培源已是86岁高龄，为国家科学决策的需要，在社会工作、科研工作十分繁忙的情况下，毅然于1988年9月接受全国政协的委托，率领182位政协委员奔赴湖北和四川有关地区视察。他们进行了大量和辛勤的考察工作。视察团回京后，周培源以他个人的名义给中央写了报告，据实提出了建议。

"这一辈子不是我所追求的"，这是周培源晚年回顾时所说的一句话。细想，此话可谓意味深长。

周培源是一个视科学为生命的人，新中国成立前，他在广义相对论和湍流理论上取得了令世界同行瞩目的成绩。新中国成立后，过多的行政工作、社会活动占去了他许多时间和精力。在北大曾有过这样一种说法：周先生是科学家中的政治家，政治家中的科学家。如此说来，周培源对自己的一生也许应该是很满意的。事实上，他还是不满意，因为成功人物的一大特征就是对自己有着更高的要求。周培源也是如此。

Chapter 7 杏坛大师学林漫谈 第七章

蒋南翔：留给清华的最大财富

大师生平

蒋南翔（1913～1988），中国青年运动领袖、教育家，江苏宜兴人。1932年进入清华大学，主编《清华周刊》《北方青年》，任中国共产党清华大学支部书记，"一二·九"运动领导人之一。曾在上海、北平（现北京）从事中国共产党的地下工作。1941年到延安，任中国共产党中央青年委员会委员、青年委员会宣传部长。抗日战争胜利后，任哈尔滨市教育局局长、哈尔滨青年干部学校校长。1949年当选为中国新民主主义青年团中央副书记，出席中国人民政治协商会议第一届全体会议。主持创办了《中国青年报》。他的一生，献给了青年工作和教育事业，他无愧为一位无产阶级革命家、马克思主义教育家、我国青年运动的著名领导者。

从点滴做起关心学子成长

"欢迎你——未来的红色工程师"，"欢迎你——清华园的新主人"。当年，每位刚踏进校园的同学都会为这两条横幅所吸引。蒋南翔育人讲究从点滴做起，润物细无声。

清华新生入学第一堂课是参观课，就是老师带着新生到几个有代表性的"晚自习基地"观摩，这样做是让新生亲身感受学兄学姐们是如何如饥似渴地刻苦学习的。这种教育，不用过多地去讲道理就能让新生们感受到学习的力量。在明亮的图书馆日光灯下，偌大的阅览室座无虚席，每个人都专心致志，或做作业，或阅读参考书籍，或做笔记。正埋头学习的老生们，对鱼贯而入的参观队伍，极少有人抬起眼皮看一眼。这种浓烈的学习氛围能够深深震撼新生。这种"此时无声胜有声"的效果，远胜过千言万语的说教。

按照传统，在新生入学后不久，蒋南翔和马约翰教授都要给他们作一次报告，也就是入学教育。

对于每个清华人来说，听蒋南翔的报告是一件大事，也是一次难得的革命人生观和世界观的教育。尽管蒋南翔比较浓的江浙口音让新生听起来并不是十分适应，但他的讲话每每会赢得同学们的喜欢和共鸣。原因主要有三个：一是言之有物，不说套话，有鲜明的观点和主张；二是平实朴素，不装腔作势，不夸大其词故意褒贬，让人感到亲切真实；三是时间短，绝不拖泥带水，从不拉杂冗长，效果却令人印象深刻，容易被接受。

蒋南翔常讲一个"干粮和猎枪"的故事：干粮吃完后就没了，但猎枪在手，要吃了，自己拿去捕食就行了。因此，重要的不仅是给他一袋干粮，更应给他一支猎枪。通过这个故事，蒋南翔强调培养学生掌握研究问题、分析问题、解决问题的能力。老师教书是为了什么？学校培养学生是为了什么？不是知识观点的强行灌输，而是注重能力的培养。有了这种能力，才能更好地发挥作用、贡献才华，无论在什么情况下，都能很快进入状态，干好工作。也正因为如此，那时清华有一句话："清华干活，出活！"

蒋南翔认为办大学首先应有一个培养目标，就是培养什么样的人才。新中国的知识分子和旧知识分子应该有所区别。

实事求是的政治家

在教育思想方面,蒋南翔始终坚持实事求是的思想路线。他一到学校就组织全校教师学习毛泽东的《实践论》、《矛盾论》,亲自给师生讲授哲学课,阐述他对辩证唯物主义和历史唯物主义的理解。在工作中,他不唯书、不唯上、只唯实,十分推崇毛泽东《反对本本主义》中的观点:"盲目地表面上完全无异议地执行上级的指示,这不是真正在执行上级的指示,这是反对上级指示或者对上级指示怠工的最妙方法。"20世纪60年代的时候,唯成分论在社会上盛行,蒋南翔多次作报告强调,唯成分论在理论上是错误的,在实践上是有害的。对于知识分子应重在表现,而不能单纯看成分。而对待"表现",他也是异常客观、冷静。

那时候,很多青年学子申请入团、入党都写思想汇报,谈心得体会,还有清理思想等,每个人都写了不少材料。在蒋校长的安排下,每一届学生快毕业时,学校档案馆都要清理学生档案,把大家的思想汇报、大辩论、清理思想时写的总结、某些行为的自我批评和检查检讨等等,凡是个人写的材料、未作过结论的,统统从档案中拿出来,另行封存,不随个人档案走。这事当时是保密的,确确实实地保护了一大批学生。否则,在那捕风捉影、无事生非的年代,特别是"文化大革命"期间,对于那些热血青年来说,这些本是出于忠诚的文字,不知道会给他们带来怎样的政治灾难。

清华的"黄金一代"

为把基础理论、生产科研实践两头都打得厚实,1958年,蒋南翔在清华提出六年制本科教育。

由此,在1959年入学、1965届毕业的学生刚好避开了一头一尾的

"大跃进"和"文化大革命",他们能够完整系统地接受六年制本科教育,沿着又红又专的方向健康成长。

1958年,毛泽东提出又红又专,红专结合。蒋南翔提出清华是"红色工程师"的摇篮。毛主席提出教育与生产劳动相结合的口号,蒋南翔马上将口号具体化为教育、科研、生产三结合,并且组织水利系毕业班的师生设计了密云水库。

密云水库地质情况很复杂,当时有20万民工施工,中央要求1958年动工,第二年基本建成。在教师的指导下,58、59两届毕业生和工程技术人员精心设计,顺利完成了任务。

在此之前,这样大的工程建设任务对于清华,乃至全国高等学校来说都是前所未有的。

这一代清华学子,虽然在后来经历了"文化大革命"的挫折,但他们同时又赶上了改革开放的大好时机。

几十年后,他们中间涌现出一大批"学术大师、兴业之士、治国之才"。7位院士:中国科学院院士周孝信、郑厚植、吴宏鑫,中国工程院院士马国馨、蒋洪德、王玉明、张超然。2位政治局常委:除2002~2007年间的吴官正之外,还有现在的国家主席胡锦涛。3位正部长:城乡建设部部长叶如棠、水利部部长汪恕诚、司法部部长张福森。

正所谓"十年树木,百年树人",在蒋南翔任校长期间,清华园里走出了2万多名毕业生。这些青年,学有所成,响应党的号召,到祖国最需要的地方去。靠着过硬的政治素质和扎实的业务能力,成长为各行各业的骨干人才。

第八章

水木清华流光碎影

清华传奇

"自强不息、厚德载物"的校训

1914年11月10日,梁启超来清华发表以《君子》为题的演说。在演说中,梁启超以《周易》乾、坤两卦"天行健,君子以自强不息""地势坤,君子以厚德载物"为中心内容,激励清华学子崇德修业,发奋图强。后来"自强不息,厚德载物"便成为清华校训。清华精神以源远流长、博大精深的中国传统文化为根基。

在《君子》篇中,自强不息是勉学励志,无论求学治业,都要坚忍刚毅,不屈不挠,见义勇为,不避艰险。它不仅是一种个人精神,而且是体现于集体奋斗中的民族精神。厚德载物是指待人接物,宽宏大量,责己严,责人宽,以注重群体利益的无私奉献为其内涵。

"自强不息,厚德载物"体现了一种健全的人格,刚健和柔顺。清华人追求人格塑造上的全面:既追求敢于探索,勇于竞争,又遵守礼制,善于合作;既出类拔萃,又不失纯朴;既疾恶如仇,又与人为善。"自强不息,厚德载物"是一种价值理念,是一种品质修养,是一种精神力量,是清华人保持其凝聚力和团结向上的精神力量的重要源泉,是中华思想文化的精髓,是中华民族伟大精神的重要组成部分。

清华人不断发扬"自强不息"的拼搏精神。在不断的探索求知中,在面对挑战和考验时,清华人自强自立,有一种不服输的精神和创新意识。清华学子不向困难和逆境低头,体现在对于自身的高标准、严要求之上。一件事情,不干则已,要干就要干出一流水平。有的师生戏言,即使让清华人扫厕所，也能扫出世界一流的水平。

语言学家陈寅恪刚到清华，就显出一代大家的气质。他的教学是高水平的，例如他讲授晋、南北朝和唐史几十次，每次内容侧重都不完全相同。患了眼病之后，依然一丝不苟。

陈寅恪讲授唐史，备课时要使用《通鉴》《通典》《两唐书》《唐会要》《唐六典》《册府元龟》等多种史籍文献。他指定要听读的部分，要事前准备。其他有关的书，需要时让人检阅。他非常重视《通鉴》，一边一字一句地读，一边思考着，有时要再读一遍，更慢些，之后会提出一些问题来讨论。有一次，陪读读《通鉴》时还没有进行到一段，突然，陈寅恪要求停下重读，陪读仔细地一字一句慢读，结果发现，原先读的时候漏了一个字。读完之后，陪读要写下讲课纲要，所以他一次备课要用很长时间。

在陈寅恪的身上，清晰地反映出清华人那种自强不息的精神。而如今的时代，我们依然需要秉持这种精神。我们必须树立强大的民族自尊心和自信心，努力攀登科学技术高峰，争创自主知识产权，赶超世界先进水平。

清华人更继承了"厚德载物"的优良传统。坚持将道德教育放在首位，在培养全面人才的教育中，把思想政治教育放在重要的位置上，以树立正确的世界观、人生观、价值观。

梅贻琦是我国近代著名教育家，他的廉洁奉公是出了名的。他担任清华校长之后，住进了清华园甲所（校长住宅），他不但放弃了学校对校长的特殊照顾，家里工人的工资自己付，电话费自己付，就连学校供应的两吨煤也放弃了。他说："这是观念和制度的问题。"在清华担任了十几年的校长，尽管科研基金雄厚，但是他却没有动过半文。在西南联大，他名为校长，吃的是白饭拌辣椒，有时吃上一顿菠菜豆腐汤，全家就很满意了。一次，梅贻琦对清华同学致辞说："我只希望大家能有勇气去做一个最平凡的人，不要追求轰轰烈烈……"实际上，这也是梅贻琦一生的追求。他去世前病危住院的医疗费用以及去世后的殡葬费都是他的学生和校友捐助的。

梅贻琦用自己的一生诠释了"厚德以载物"的真正内涵。清华人在实践活动中充分尊重客观规律性，以社会发展的道德规范约束自己的行为，遵守社会主义的社会公德、职业道德和家庭美德，弘扬集体主义。

历经百年风雨沧桑，清华大学校训精神以稳定性、延续性、自为性、能动性，鼓励和鞭策着一代又一代清华学子不断成长。

"自强不息，厚德载物"是中华民族传统思想的精华，反映了我们积极向上的人生价值观念和修养原则，历经数千年的锤炼而化作民族精神，因而具有强大的生命力和号召力。

"爱国、奉献"的清华传统

清华精神最重要的内涵便是清华与生俱来并不断孕育着的爱国奉献精神。

清华大学是一所利用美国退还"战争赔款"建立的留美预备学校，在清华师生的眼里，清华学堂永远是中国人的"国耻纪念碑"。五四运动中，清华大学成立了国耻纪念会，在会上，师生们立下重誓："清华的师生从今以后愿牺牲生命以保护中华人民土地主权。"这种对国家、对民族饱受列强凌辱而激发出来的爱国精神，被称为"哀兵士气精神"。

从抗议八国通牒的国民大会而遭到段祺瑞反动政府屠杀的韦三杰，到在上海吴淞口驾机撞日本军舰的沈崇诲，再到带领东北籍同学打回东北老家、举起了"抗日义勇军"的大旗的张甲洲……清华学子始终在为中华崛起和民族复兴而努力奋斗。

还有许多师生尽管没有直接上战场和反动势力浴血奋战，但是他们带着自己所掌握的科技知识，为中华的崛起尽了自己的一份力量。比如理学院院长叶企孙安排他的助手去冀中根据地，组建技术研究社研制炸药、地雷、炮弹等，这些炸药、地雷在"地雷战"中发挥了重要的作用；安排化学系的汪德熙辗转到冀中，帮助解决了安全生产问题；让物理系管理员阎裕昌主持爆破研究，在天津租界带领师生研制无线电收发报机等。

在抗日救国斗争中，众多清华师生，前赴后继，不惜献出自己宝贵的生命。在水木清华北岸山坡上耸立着的"祖国儿女，清华英烈"纪念碑上镌刻着沈崇诲、杨光泩等数百个为国捐躯的清华英烈。

抗美援朝时期，清华1500多人自愿报名去前线参战；社会主义建设时期，无数清华人怀揣着梦想来到边疆，为国家建设作出了巨大的贡献。在23名"两弹一星"功臣中有14位在清华学习和工作过，其中邓稼先和王淦昌是两位杰出代表。

邓稼先对妻子说："做好了这件事，我这一生过得就很有意义，就是为它死了也值得！"为此他拼命工作着，多次昏倒在试验场上。受到强辐射患癌症扩散，临终前留下的话是："不要让人家把我们落得太远……"在参加原子弹研制的问题上，王淦昌回答：**"我愿以身许国。"** 他认为**"国家的利益高于一切，国家强盛才是我真正的追求"**。

在清华大学，关注国情、爱国奉献成为广大师生普遍的理念。航天航空学院学生谷振丰，学习成绩一直居全班第一，担任过政治辅导员，毕业时毅然选择酒泉卫星发射中心，他说："对于当代大学生来说，要担当重任，这是清华教会我的！"

罗布泊核研究基地连续三任司令员都是清华校友，清华师生自己建造的核能与新能源技术研究院开创了祖国原子能事业的春天。"毕业生如果不来这里，算不上一流大学（出来的学生）。"罗布泊核试验基地的一位老校友如是说。

清华大学党委书记陈希教授说：衡量人才培养工作得失标准，不仅要看学生具有多少专业知识和创新能力，更重要的是要看他们能否把知识和能力运用于国家的强盛与民族的复兴事业上。

清华园深入到主题教育活动中，学校挖掘爱国奉献精神的深刻内涵，邀请杰出的成就者，为同学们讲述自己的体会，以燃起清华学子心中的爱国热情。校友朱凤蓉说："我们只是极为普通的学生，我们投身到一个伟大的事业中，我们把自己的理想追求同国家和民族的命运结合在了一起，才体现了我们自己的人生价值。"

近年来，清华大学组织了1000多次社会实践活动。在"行万里路，胜过读万卷书"口号的号召下，清华学子参加了地跨西部十省的"清华博士生西部行"、足迹遍及四大军区的"清华博士生军旅行"、绵延1000公里的"新闻学子重走长征路"等活动。通过实践活动，学生们开始认真思考"如何成才，成什么样的才"的问题。

在著名新闻工作者穆青去世的当天，学校临时改变课堂安排，花了一节课的时间表示对穆青同志的哀悼之情。随后传播学院的主题团日活动定为"做人民的好记者——追忆穆青同志"。

人民日报头版曾发表温家宝总理给范敬宜院长的信函，就传播学院学生李强的农村调查报告《乡村八记》指出："大学生如此关心农村，实属难得。从事新闻事业，我以为最重要的是要有责任心，只有这样，才能真正做到用心观察、用心思考。"李强说："在清华有一种关注国情的传统，随处都可以见到有关中国国情的探讨，这使我深刻地体会到清华的爱国氛围。"

"又红又专"的清华大学

1952年,刚刚39岁的蒋南翔担任清华大学的校长。他的教学方针是走"又红又专"的道路。时至今日,清华大学依然秉承蒋南翔所确立的教育方针。"又红又专"是社会主义高等教育培养目标的简明概括。

蒋南翔提倡的"又红又专"教育方针,方惠坚教授是这样理解的:"又红又专可以理解为全面发展和个性专长的发展。事实上这两者之间是并不矛盾的。一个人有了全面发展的基础,不是妨碍而是有助于他的专长发展。不能把学生培养成都像从一个模子里铸出来的一样。"

"事实上,学生的思想很活跃,有'先专后红'想法的学生占了相当大的比例。"时任清华自动控制系党总支书记的凌瑞骥,在晚年的回忆中这样说。

在《蒋南翔传》中有这样一段描述:"当时的清华大学,有很多同学不敢多看业务书,怕被说是走偏离了又红又专的路线,在图书馆看业务书时,也要把《红旗》杂志盖在上面。甚至在有些班级把梦想当爱因斯坦的同学当作典型来批判。"

针对这种情况,蒋南翔解释说:"这样做是对'又红又专'的教育方针的错误理解。清华大学如果真的能出爱因斯坦,那是清华的光荣。只红不专或先红后专也不全面,学校应该重视这种情况。"

对于红与专关系的理解,蒋南翔总是反反复复地给他的学生们阐述。他举例说:**"红和专的关系,红是方向,专是方法。红和专的关**

系，就好像从清华西门出去到颐和园，你需要经常抬头看看万寿山是否还在前面，这就是方向，但是大量的时间是在一步步地走路。"

电机系65届毕业生王心丰说："蒋校长对'红'的论述是分层次的，他把思想境界比喻成上三层楼。不要求每个人都能达到最高境界，但特别强调'为学'先要'为人'。"

为了让学生有特点、有特长，清华通过建立三支代表队，即政治辅导员、科学登山队以及文艺体育代表队，培养学生向着又红又专、全面发展的目标前进。这在当时的全国高校中还是个创举。蒋南翔具有开创性的教育思想不止这一项，还有始于1953年的政治辅导员制度，这也是中国高校政治辅导员制度的源起。当时，25名大三学生成为清华历史上首批政治辅导员，他们所做的工作被形象地称为"双肩挑"，即一肩挑业务学习，一肩挑思想政治工作。

实践证明，红专结合的制度使得政治与业务渗透，业务工作优秀的人懂得政治思想工作，而政治思想工作优秀的人又懂得业务。活跃在当今社会政坛上的一大批党和国家领导干部，很多产生在这批清华学子之中。同时，清华的师资队伍也在向又红又专的方向发展。学术地位越高的群体，党员比例越高。院士中85%以上是党员，教授群体的党员比例达到80%。

1987年，蒋南翔在论著《高等教育要认真解决两个根本问题》中指出："长期的教育实践告诉我们：办教育，必须优先考虑和解决两个根本性的问题，一个是方向问题，一个是质量问题。"

邓小平在1980年时说："清华大学的经验，应当引起全国注意，又红又专，那个红是绝对不能丢的……"

今天，人们虽然不再把这两个字放在嘴边，但是如何正确处理"政治"与"业务"的关系，始终是知识分子成长和成才的必要前提。如今的清华，在人才培养方面，对这一点依然重视。

《北大传奇》

新世界出版社　作者：张明帅　定价：36.00元

编辑推荐：

北大人丰博的学识，闪光的才智，庄严无畏的独立思想，惊天动地的宏伟业绩与默默沉潜的学术思索，共同汇聚成一种可歌可泣的壮与美，凝铸成一段梦魂牵绕的不灭记忆。

本书横跨晚清、民国、现代三个历史时期，汇集了北大知名学子、教授、校友，从国学宗师、文坛翘楚、史哲泰斗到军政名流、科学巨匠、杏林大师……术业分门别类，名目林林总总，从历史的某一个侧面入手，避开严肃、刻板的理论说教，以鲜为人知的逸闻趣事、奇谈掌故，记录下北大大师学术生涯内外真实、鲜活的人生，亦庄亦谐，妙趣横生，一事一例，引人捧腹。本书不仅介绍人物及其事迹，更重要的是能在字里行间给人一种砺人心智的效果，或者感人至深，或者启人思考。

读者邮箱： zbz159@vip.sina.com　　**联系电话：** 010-68457661/13910873125

《哈佛传奇》

新世界出版社　　作者：丹尼·冯　　定价：36.00元

编辑推荐：

　　如果说一所学校能承载起一个国家，那么普天之下，能担此重任的只有哈佛大学了。"先有哈佛，后有美利坚"这句话一点都没错：哈佛大学的历史要比美国长近140年，哈佛大学的毕业生领导了著名的独立战争，并最终使美利坚合众国以一个国家的身份矗立在世界之林，不仅如此，在美国的历史上，哈佛还培养了7位国家总统，十几位最高法院大法官来治理国家。

　　哈佛是美国的，更是世界的。哈佛，是各国莘莘学子最为向往的地方，是传播知识的圣殿、洗涤人类灵魂的天堂。打开哈佛的校友录，你就能感受到三百多年的哈佛历史是如何的惊心动魄，它带给人类的又是何等巨大的一笔精神财富。

　　通过阅读本书你能从中体会到哈佛大学那些优秀的大师是如何学习、如何做人的，必定对正处在成长的年轻人以鼓舞和激励，相信会使年轻人在成长的道路上，受益匪浅。

读者邮箱： zbz159@vip.sina.com　　　**联系电话：** 010-68457661/13910873125

《西点传奇》

新世界出版社　作者：公　隋　定价：36.00元

编辑推荐：

战争年代，西点是美国的神话，英雄从这里走出；和平年代，西点依然是美国的传奇，美国军政要员中竟然有40％以上的人来自这座学府；再俯首今日之美国工商界，西点俨然是美国的另一个"哈佛商学院"，多少叱咤经济舞台的风云人物都来自西点……

本书对西点200多年来创造的"西点传奇"的历程进行了一次巡礼，记载了西点的历史、奇闻异事以及从西点走出的各界的成功人士，详实而准确地记载了他们成长过程中的一些鲜为人知的故事和事迹，对于我们学习和了解西点军校，是一份很不错的收获和礼物。

本书不仅浓缩了世界著名的西点军校的传奇历史，而且特别针对出自西点军校的当今商界乃至政坛的成功人物的故事进行了独特的解读，对读者有很大的借鉴价值和启发作用。

读者邮箱： zbz159@vip.sina.com　　**联系电话：** 010－68457661/13910873125

《80后，你慢慢来》

新世界出版社　　作者：孙虹钢　　定价：29.80元

编辑推荐：

当今，80年后人群中有一种流行病：匆忙。在匆忙中，我们丢失了平静如水的心境，丢失了情深义重的情感，丢失了丰富生活的惊喜，最终失去了思想抱负和自我。在工作中，我们被快节奏的效率牵绊；在路上，我们被飞速运转的车轮牵引；在生活中，我们被远处可望而不可即的目标诱惑。

本书从随性、随时、随缘、随遇和随喜五个方面着手，告诉大家如何找回自我、如何修身以顺应天时、如何齐家以追求人和、如何静待时机寻治国之理、如何跟随命运达平天下之志。本书可以提醒你，请慢下来，等一等灵魂，做自己的主人，看清全局，审清形势，然后从容地有所为有所不为。这样，才能达至发展与生活的平衡，才能拥抱更为成功和幸福的人生。

读者邮箱：zbz159@vip.sina.com　　联系电话：010-68457661/13910873125

《决定人生成败的12大因素》

新世界出版社　作者：吴　浪　定价：29.80元

编辑推荐：

　　每个人都追求成功，都渴望那份成就感，都曾幻想过功成名就的喜悦与激情。然而成功需要什么？是什么促使人走向成功？诸如此类的问题不见得每个人都曾思考过，这正是本书试图告诉读者的。

　　成功需要条件，这一点已经毋庸置疑。本书即是通过态度决定命运、专注于最重要的事、人际沟通技巧、选择一个正确的职业、我们决定自己的命运等章节，告诉你正确认识成功的因素，以及如何才能走向成功。通过阅读本书，读者可以更深入地了解成功，有助于帮助读者重新认识自己，重新理解成功的深刻内涵，从而自我反省、自我提高或自我赶超。阅读此书，就是对成功更进一步地把握，会有效缩小与成功之间的距离。

读者邮箱：zbz159@vip.sina.com　　联系电话：010—68457661/13910873125

孙虹钢经典培训课程

儒正领导力

道与领导智慧

80后，你慢慢来

接受课程预定

请与博士德联络：
北京公司　　010-68487630-217　　15901445052　赵敏老师
　　　　　　010-68487630-229　　18201634569　李让老师
　　　　　　010-68479152　　　　13031010960　怡琳老师
杭州分公司　0571-88355820　　　 13758165372　胡军老师

读者邮箱：zbz159@vip.sina.com　　联系电话：010-68457661/13910873125